三農史志

歷代農業與土地制度

邢建華 編著

崧燁文化

目錄

序 言 三農史志

上古時期 井田之制

夏代農業與井田制雛形 8
商代農業及其管理形式 14
西周農業與土地制度 20
春秋戰國時期的農業 27

中古時期 均田流變

秦代農業生產和土地制度 36
漢代農業及土地全面私有化 41
三國兩晉南北朝時的農業 48
隋代農業的發展與均田制 56
唐代的農業技術及均田制度 61

近古時期 佃農風行

五代十國時的農業經濟 70
宋代農業經濟與土地制度 75
遼西夏金農業經濟成果 85
元代農業經濟的全面發展 93

近世時期 田賦結合

明代農業生產的進步 104
明代屯田制度與莊田 113
清代農業技術及農學 118
清代土地制度的演進 132

序 言 三農史志

文化是民族的血脈，是人民的精神家園。

文化是立國之根，最終體現在文化的發展繁榮。博大精深的中華優秀傳統文化是我們在世界文化激盪中站穩腳跟的根基。中華文化源遠流長，積澱著中華民族最深層的精神追求，代表著中華民族獨特的精神標識，為中華民族生生不息、發展壯大提供了豐厚滋養。我們要認識中華文化的獨特創造、價值理念、鮮明特色，增強文化自信和價值自信。

面對世界各國形形色色的文化現象，面對各種眼花繚亂的現代傳媒，要堅持文化自信，古為今用、洋為中用、推陳出新，有鑑別地加以對待，有揚棄地予以繼承，傳承和昇華中華優秀傳統文化，增強國家文化軟實力。

浩浩歷史長河，熊熊文明薪火，中華文化源遠流長，滾滾黃河、滔滔長江，是最直接源頭，這兩大文化浪濤經過千百年沖刷洗禮和不斷交流、融合以及沉澱，最終形成了求同存異、兼收並蓄的輝煌燦爛的中華文明，也是世界上唯一綿延不絕而從沒中斷的古老文化，並始終充滿了生機與活力。

中華文化曾是東方文化搖籃，也是推動世界文明不斷前行的動力之一。早在五百年前，中華文化的四大發明催生了歐洲文藝復興運動和地理大發現。中國四大發明先後傳到西方，對於促進西方工業社會發展和形成，曾造成了重要作用。

中華文化的力量，已經深深熔鑄到我們的生命力、創造力和凝聚力中，是我們民族的基因。中華民族的精神，也已深深植根於綿延數千年的優秀文化傳統之中，是我們的精神家園。

總之，中華文化博大精深，是中華各族人民五千年來創造、傳承下來的物質文明和精神文明的總和，其內容包羅萬象，浩若星漢，具有很強文化縱深，蘊含豐富寶藏。我們要實現中華文化偉大復興，首先要站在傳統文化前沿，薪火相傳，一脈相承，弘揚和發展五千年來優秀的、光明的、先進的、科學的、文明的和自豪的文化現象，融合古今中外一切文化精華，構建具有中華文化特色的現代民族文化，向世界和未來展示中華民族的文化力量、文化價值、文化形態與文化風采。

為此，在有關專家指導下，我們收集整理了大量古今資料和最新研究成果，特別編撰了本套大型書系。主要包括獨具特色的語言文字、浩如煙海的文化典籍、名揚世界的科技工藝、異彩紛呈的文學藝術、充滿智慧的中國哲學、完備而深刻的倫理道德、古風古韻的建築遺存、深具內涵的自然名勝、悠久傳承的歷史文明，還有各具特色又相互交融的地域文化和民族文化等，充分顯示了中華民族厚重文化底蘊和強大民族凝聚力，具有極強系統性、廣博性和規模性。

本套書系的特點是全景展現，縱橫捭闔，內容採取講故事的方式進行敘述，語言通俗，明白曉暢，圖文並茂，形象直觀，古風古韻，格調高雅，具有很強的可讀性、欣賞性、知識性和延伸性，能夠讓廣大讀者全面觸摸和感受中華文化的豐富內涵。

肖東發

上古時期 井田之制

春秋戰國是中國歷史上的上古時期。這一時期，農作物品種的增多和鐵農具的廣泛使用為精耕細作創造了有利條件。

中國傳統農業的特點，是人們想方設法從選種、播種、中耕除草、灌溉、施肥一直到最後的收穫都給農作物創造最好的生長條件，也就是透過精耕細作，來實現提高單位面積產量的目的。而這一優良傳統，早在中國春秋戰國時期已經逐漸形成了。

隨著井田制度的解體和土地私有制度的確立，中國的農業歷史又跨入了新的階段。

夏代農業與井田制雛形

■夏禹王像

夏朝是中國歷史上第一個奴隸制王朝。夏代的農業在原始農業的基礎上取得了巨大的成就。

夏朝對農業非常重視，其農耕技術水準較以前有了顯著提高。夏朝發明了前所未有的生產工具，農作物品種也比以前增多了，還發明了用以指導人們生產活動的曆法。此外，還出現了畜牧業和手工業。

夏朝出現了井田制的雛形。夏代的農業發展，開創了中國農業歷史的先河，奠定了中國古代農業的良好基礎。

夏朝的中心地區位於黃河中游，氣候適宜。當時的農作物是穀、黍、粟、稷、稻等。主食是將黍、粟、稷、稻煮成稀粥、濃粥食用，社會上層則多食乾飯。

在對多處二里頭遺址的考古發掘中，都發現了黍殼、稻殼的遺存。證明了夏代農作物品種已經很多。

夏代的農作物以「畎畝法」進行種植，就是在兩壟之間留一條溝，莊稼種於壟上。這種耕作技術，使農作物產量迅速提高。

這時的主要收割工具有石刀、石鐮和蚌鐮等。二里頭遺址出土的石刀正面呈梯形，上有兩面對穿的圓孔，一面刃，樣式很像後世北方掐穀穗用的農具「鐵爪鐮」。

二里頭遺址還出土了一些彎月形的石鐮和蚌鐮，這也是那個時候的主要收割工具。石鐮和蚌鐮不僅能收割穀穗，而且連穀物的桿也可以收回來，可見那時的農業已脫離了原始狀態。

夏代翻地的工具主要是木耒和石鏟。在二里頭遺址的房基、灰坑和墓葬的壁土上能看出木耒留下的痕跡。耒是木質的，從壁土上遺留的痕跡來看，它的形狀大體是在木柄的一端分成雙叉，主要用來掘土。古書上也有大禹「身執耒畝」的記載。

在夏代，水利技術有了發展。《論語·泰伯》載禹「盡力乎溝洫」，變水災為水利，服務農耕。夏代水利技術主要表現在水井的使用比以前有所增多。

在河南省洛陽錘李、二里頭遺址都發現了水井。錘李遺址的水井是圓形的，口徑一點六米，深六米多，在這口古井中發現有高領罐、直領罐等遺物，可能是當時汲水落井遺留的器物。

二里頭遺址有一口井，它是長方形的，長一點九五米，寬一點五米，井深四米以上，井筒是光滑的直壁，證明它不是窯穴。壁上有對稱的腳窩，那是為了掏井和撈拾落井器具而挖的。

在當時，水井的使用可以改變那種追逐水源、遷徙不定的生活，使人們有可能長期定居在一個地方，而定居生活又是農業發展的一個非常重要的條件。水井還可以澆地，不過，當時的條件不可能出現大面積的水澆地。

夏代先進的曆法《夏小正》，是指導當時人們進行農業生產的重要依據。在先秦古籍中，往往提到「夏時」，指的就是夏代曆法。夏代曆法按月記錄了時令物候，用以指導農業生產活動。

夏代曆法是根據堯舜時代「觀象授時」的原則，在觀察天象的基礎上形成的。它根據北斗七星斗柄旋轉的規律，確定一年十二個月，以斗柄指向寅的正月為一年開始的第一個月。

以建寅之月為歲首。夏朝已經開始使用干支記日，夏朝最後幾個國王如孔甲、履癸等便是以天干來命名的。

《夏小正》按月記錄了時令物候，對農業生產的安排有密切關係。後代的曆法，從形式到內容，都承襲《夏小正》而加以發展。

如《呂氏春秋》中的十二月紀，即收在《禮記》中的《月令》，就是承襲《夏小正》的。漢朝崔的《四民月令》，也在一定程度上承襲了《夏小正》。歷代的曆法都和《夏小正》有承襲關係。

製陶業在夏代可能已經成為一個極為重要的獨立的行業。只有農業的相當發展，製作大型容器才成為必要。

在二里頭遺址出土的大口樽、甕以及大陶罐等，與龍山文化早期、中期的器物相比，它們確實成了龐然大物。這些大型器物，有一些應是貯存食物的用具。

至於青銅器，中國已經在二里頭遺址發現了銅刀。如果二里頭遺址文化被認為是夏朝時期的文化，那麼這件青銅器就是夏朝時期的。

夏代青銅器的形式非常接近陶器。夏代鑄造青銅的歷史不長，青銅器沒有形成一個好的規範，所以它有點像陶器的樣子，跟夏代出土的陶器樣式差不多，比較原始，它沒有好多花紋，有小圓點，刻畫簡單的線條。

在二里頭遺址的一些墓葬中，還發現有細長的觚、有帶管狀流的盉，以及那種三個空足、有耳有流的鬹等專用酒器，足見當時飲酒風氣十分盛行。

有的文獻上記載說，古時候用黃米做「酒」是夏朝第六個國王少康發明的。釀酒的主要原料是糧食，沒有相當多的糧食收穫，大量釀酒是不可能的。從考古發掘佐證的夏代專用酒器的普遍出現，就可以推測當時糧食產量的概況。

傳說禹的大臣儀狄開始釀造酒，夏後少康又發明了秫酒的釀造方法。新石器時代後期中原文化中的龍山文化就有了釀酒的習慣，到了生產力更強的夏代，釀好酒、飲好酒變成了一種權力和財力的象徵。

古文獻中記載到的「杜康造酒」、「儀狄作酒」、「太康造秫酒」、「少康作秫酒」等傳說都可以佐證酒在這個時期的重要性。

夏代還出現了畜牧業，有一些專門從事畜牧業的氏族部落。如有扈氏在甘這個地方戰敗後，被貶為牧奴從事畜牧工作。馬的飼養得到很大重視。

夏代存在著公社及其所有制即井田制度，是大多數史學家的一致看法。此外，有很多史料表明，夏代確已出現了「井田」的格局。

《左傳·哀西元年》記載，少康在「太康失國」後投奔有虞氏，「有田一成，有眾一旅」，後來奪回了夏的權位。這裡所說的「一成」，當是《周禮·考工記·匠人》所說的「方十里為成」的「成」。一井就是一里，「方十里為成」的「成」，就是百井。

《漢書·刑法志》又說：

地方一里為井，井十為通，通十為成，成方十里；成十為終，終十為同，同方百里;同十為封，封十為畿，畿方千里。

這段話雖然說的是殷周之制，但從這裡所說的「成方十里」、「成十為終」是區劃土地的單位名稱看來，使我們可以肯定，《左傳·哀西元年》中的「有田一成」的「成」，反映了夏代井田制的存在。其他古代文獻中也多謂井田之制，「實始於禹」，這也是個證明。

由以上考證可知，後世的井田制度在夏代就已經存在，只是當時還沒有大規模推廣而已。

閱讀連結

杜康是黃帝手下管理糧食的大臣。因連年豐收，糧食越打越多，於是，杜康把打下的糧食全部裝進樹林中的枯樹洞裡。糧食在樹洞裡慢慢發酵。

一年後，杜康上山查看糧食，發現那些樹洞裂開了縫並往外滲水，還有一股清香的氣味，就不由得嘗了幾口。還用尖底罐裝回一些，想讓皇帝也嘗嘗。

黃帝仔細品嚐了杜康帶來的味道濃香的水，命倉頡給這種香味很濃的水取個名字。倉頡隨口造了一個「酒」字。後世人為了紀念杜康，便將他尊為「造酒始祖」。

商代農業及其管理形式

■商湯畫像

商朝又稱殷、殷商，是中國歷史上第一個有同時期的文字記載的朝代。商代的農業生產很發達，從商代甲骨文卜辭中反映的情況來看，農業已經成為了社會的主要部門，在生產和生活中佔有十分主導的地位。

與農業密切相關的曆法、酒業、園藝業和蠶桑業、畜牧業及漁獵都有一定的發展。

商代的土地制度，已經形成了以商王為奴隸主貴族代表的土地私有制度。

商朝農業生產已成為社會生產的主要部門。甲骨文卜辭中大量記載了商朝人的農事活動，幾乎包括與農業有關的各個方面。

卜辭中有大量「受年」、「受黍年」、「受稻年」等類詞句。由卜辭可知，商代的主要農作物有禾、黍、稻、麥等。

在卜辭中，糧食作物的總稱為「禾」。其中最主要的是「黍」，也就是現在的「大黃米」。商代的麥就是今天的大麥。

農業生產過程中使用的工具主要還是木器、石器和蚌器。木器包括「耒」和「耜」，這兩種工具，都是用樹枝加工而成。甲骨文中的「藉」字像人手持耒柄而用足踏耒端之形，說明耒耜在農業生產中發揮重要作用。

石製農器當時還在大量應用，如石鏟、石鐮等。至於穀物加工工具石磨、石碾、石碓，更是普遍存在。蚌器、骨器非常多，如骨鏟、蚌鐮等。

商代盛行火耕，用火來燒荒。在商代，在荒林茂草之中，野獸到處出沒，除了使用這種放火燒光的方式，當時恐怕也沒有其他的辦法。農夫們等大火熄滅之後，把土地稍加平整，在灰土中，播下種子，變荒田為可耕地。

這種焚田的方法表明，即便商朝人定居於某處，他們的耕種地點也不是永遠固定於一處的。他們今年焚田及耕種於此，明年則焚田及耕種於彼，也就是要經常性地「拋荒」。

在卜辭中，關於改換耕作地點的記載是隨處可見的：「甲辰卜，商受年。」「庚子卜，雀受年。」「口寅卜，萬受年。」這裡所說的某地受年，是卜問應該在某地耕作才能得到豐收的回答，這種卜問大多於耕作之前進行。

此外，卜辭中還經常出現詢問方位，而不是卜問固定地點的卜辭：「癸卯貞，東受禾」。「西方受禾」。「北方受禾」？

「西方受禾？」所謂某方受禾，是卜問在什麼方位耕作始獲豐收的意思。這證明，每年的耕作地點都有變化，這是一種「拋荒」農業。

有人根據卜辭的內容進行研究，認為商代已在農田裡施用農肥，並已有貯存人糞、畜糞以及造廄肥的方法。加之能清除雜草，使農作物的產量得以提高。收穫的糧食被貯藏起來，所以卜辭中出現了「廩」字。

在殷墟的考古發掘中，發現了許多當時的窯穴，其中的一部分是用來儲存糧食的。這種窯穴的底與壁多用草拌泥塗抹，底部還殘留綠灰色的穀物的遺骸。有理由認為：以農業為主的自然經濟在商王朝時期已經形成，曆法主要是為農業服務的。商朝人的曆法發達。在甲骨文中，有世界上最早的日食、月食的記載。武丁時期的卜辭中有一條：「庚申，月有食。」

經天文學家推斷，西元前一三一一年十月二十四日這一天的凌晨，確實發生了一次月食，可見這條記載是有根據的。

用六十干支記日是從商代開始的。自商的先祖王亥起，商朝人開始用干支命名。在殷墟甲骨文中，發現了六十干支表。商朝人以十日為一旬，每旬的最後一日，要進行卜旬。在商朝人的曆法中，以月亮盈虧一次為一個月，月份已經有大小之分。商朝人以十二個月為一年，並且出現了閏月。

商代的曆法已經脫離了單純的太陰曆，而是一種陰陽合曆。太陰曆以月亮盈虧一次為一月；太陽曆以地球繞日一週為一年。這樣，一年如果僅有十二個月的話，每年要差出十天左右。

商朝人解決的辦法，就是過一定的年份，就設置一個閏月，閏月放在年底。商朝人置閏，先是三年一閏，五年兩閏，最後，使用十七年七閏的辦法。

卜辭中把一年的時間稱為一祀，這是因為商朝人迷信，每年都有一次祭祀。甲骨文中的「年」字，跟現在的「季」字差不多，上面是個「禾」字，下半部是個「人」字，好像是人背著一捆禾，象徵著每年收穫一次。

商代釀酒業發達，甲骨文中有很多關於酒的字。商代的酒有很多品種。如「醴」，是用稻製作的甜酒；鬯，是用黍製作的香酒。

《尚書·酒誥》記載，人民嗜酒，田逸，以致亡國，可見嗜酒風氣之盛。現已出土的商代酒器種類繁多。這反映出商代青銅鑄造業的空前發達。釀酒業及酒器鑄造技術的發展，從一個側面反映了商代農業生產的發達。

商代園藝和蠶桑業亦有發展。卜辭中有「圃」字，即苗圃；有「囿」字，即苑囿。當時的果樹有杏、栗等。

卜辭中又有「蠶、桑、絲、帛」等字，商代遺址中還出土有玉蠶及銅針、陶紡輪等物。在出土的青銅器上有用絲織物包紮過的痕跡，從出土的玉人像上也可看到其衣服上的花紋。可見商代的蠶桑業及絲織業已較發達。

商朝人在農業發展的同時，畜牧業也越來越興旺了。在已經馴養的馬、牛、羊、豬、狗、雞這「六畜」中，馬、牛、羊的數量有了驚人的增長。

馬是商王室及其貴族、官吏在戰爭與狩獵時使用的重要工具，因而受到特別重視。它有專職的小臣管理，驅使成批的奴隸飼養。從商代甲骨文中看到，武丁以後至紂王時期，商代的戰爭是非常頻繁的，規模也是很大的，最大的一次可動用一萬餘名士卒。馬是作戰與運輸的工具，每次動用的數量也是很大的。

當時還用奴隸飼養成群的牛羊，主要供食用和祭祀。商王和大貴族每次祭祀，用牲的數目都相當驚人，少則幾頭，多則幾十、幾百，甚至達到上千頭。

此外，還大量飼養豬、狗、雞等動物。它們既是當時人們獲取肉食的主要來源，也是祭祀用的供品。另外還有鹿、象等，商代遺址中已發現象的遺骸。據記載「商朝人服象，為虐於東夷」，說明在征伐東夷的戰爭中，商朝人一度還使用象隊。

商代時的黃河下游中原地區，氣候溫和，雨量充沛，並有廣大的森林、草原、沼澤、湖泊，故作為農業、畜牧業補充的漁獵也很發達。

卜辭中有「王魚」、「獲魚」的記載，商代遺址中也出土過許多魚類、蚌類的遺骸。捕魚的方法主要有網罟、鉤釣、矢射等。

卜辭中又有「王田」、「王狩」、「獲鹿」、「獲麋」、「獲虎」、「獲兕」及「獲象」的記載。狩獵方法主要有犬逐、車攻、矢射、布網設陷甚至焚山等，獵獲野獸的種類和數量相當驚人。商王一次田獵獲鹿可多達三百四十八頭，獲麋最多的是四百五十一頭，足見其規模之大。

在卜辭中，與土地有關的文字非常多，如「田」字，就很常見。「田」字表明在廣平的原野上整治得整齊規則的大片方塊土地。「疆」字象徵丈量和劃出疆界的田地。至於「疇」字，田」與「壽」聯合起來表示「長期歸屬農家耕作的田地」。田間按行壟犁耕，往返轉折，這樣的田疇當然不會耕作得很粗放。每個小方塊代表一定的畝積，也是奴隸們的耕作單位。當時的農田已有規整的溝洫，構成了原始的灌溉系統。這些方塊田，就是後來的井田。

商朝的土地歸王所有，一部分土地由商王分賜給其他奴隸主作「封邑」，供臣下享用，就是商代奴隸制度下形成的土地制度。

閱讀連結

伊尹在商湯手下主持國政，致力於發展經濟。他建議商湯減輕徵賦、鼓勵生產。商湯採納了他的意見，使生產得以發展，百姓安居樂業。

伊尹認為商業對經濟的發展很重要，他建議商湯要盡可能地促進商品的流通。商湯接受了他的意見，商朝呈現出了生產發展、經濟繁榮的局面。伊尹在輔佐商湯滅夏建國的過程中也發揮了重要作用。

西周農業與土地制度

■周文王畫像

西周的農業經濟在商代的基礎上有了較大的發展。一方面由於生產工具的改進和耕作經驗的增加使糧食的產量有所提高，另一方面則因為天文、曆法等科學技術在農業上的應用，使農業生產獲得了較快的發展。

糧食的品種增加了，單位面積的產量也提高了，農業成為了整個社會的基礎和主要部門。另外，畜牧業也有了相應的發展。

井田制在中國西周時期已經很成熟，成為較普及的土地制度，其實質是一種土地私有制度。

周族在其先祖時期的經濟是以畜牧業為主，農業生產很落後。在遷往岐山以後，周族的農業生產有了很快的發展；滅商之後，各地的先進生產經驗得到了更為廣泛的交流，農業成為社會經濟的主要部門，發展更快了。

西周時，鋒利的青銅農具得到較普遍使用，進行了規模較大的墾殖和耕耘。原來的拋荒制被休耕制代替，土地利用率提高。漚治和施用綠肥，以火燒法防治病蟲害，標誌了田間管理的新水準。

西周的農作物品種增加，穀類有黍、稷、粟、禾、穀、粱、麥、稻等，豆類有菽，任菽、藿等，麻類有麻、苴、苧等。

周王朝特設場人，專管園圃，從事蔬菜、瓜果的生產。擔任司稼的官員必須熟悉作物的不同品種及其適應種植地區，從而更好地指導農業生產。

當時的輪流休耕制已經得到推廣。耕田主要靠人群密集型的勞動，通常是兩人合作，即為「耦耕」。

周朝時在大田上第一年耕種的土地稱為菑，第二年耕種的土地稱為畬，第三年耕種的土地稱為新。這裡所說的菑、畬、新就是指耕種年數不同的田地。第三年耕種以後，地力已衰竭，就用拋荒的辦法休耕以恢復地力，稱為「一易」，數年之後，再次耕種。

周朝人已基本掌握了修築排水和引水設施、除草、雍土、施肥、治蟲等農業生產技術，並且經驗越來越豐富。人們已經知道應用人工灌溉技術，不過在很大程度上他們仍然是依靠天然的雨水。在長江流域，水網密集，人們可能已懂得利用溝渠排水、灌溉的方法。

周朝人對於除草和雍土培苗技術已很重視。鋤耕農業的推廣，使壟作開始萌芽，耦耕和中耕除草技術在西周時期廣泛實行是很自然的事。

在大量農業生產活動中，人們還掌握了消滅害蟲的植物保護方法，以及收穫後糧食的加工、貯藏方法，推廣了以自然冰冷藏食品的技術。農業的發展使農產品加工業也不斷發展，不僅釀酒技術比以前有所提高，而且出現了製造飴糖和煮桃、煮梅、用鹽漬菜的方法。

在黃河流域和長江流域農業比較發達的地區，人們已經初步掌握了根據自然現象預測天氣的知識。這些天象知識，對農業生產很有好處。物候知識也比夏商兩代更進一步用來指導農時，在農業生產中人們特別注意觀察熟悉的植物、動物的習性和生長變化規律，並與風、雨、乾旱、冰凍等氣像現象結合起來，指導適時播種與收穫。

在西周時，採集和漁獵經濟仍佔相當大的比重。各地考古發現證明了這一點，一些古代文獻也有這方面的真實記錄。

《詩經》三百篇是從西周開始流傳、積累和逐漸豐富起來的一部最古老的詩歌集，雖成書較晚，但其中也有許多詩歌反映了西周時期農業、手工業和採集、漁獵生產活動的情況。

在《黍離》、《君子於役》、《伐檀》、《鴇羽》、《七月》、《無羊》等詩中，描述了砍伐樹木、修整農具、種植黍稷、收割稻粱、為農夫送飯、放牧牛羊等勞動過程和場面。

在《關雎》、《卷耳》、《芣苢》、《摽有梅》、《穀風》、《桑中》、《木瓜》、《采葛》、《採薇》和《北山》等詩中，描述了婦女們採集荇菜、卷耳、芣苢、梅子、蘿菔、蔓青、芥菜、苦菜、香蒿、野麥、木瓜、野桃、野李等的情景與心情，可知採集活動仍是婦女們經常性的、繁重的勞動。

在《野有死麕》、《新臺》、《碩人》、《兔爰》、《叔於田》等詩篇中，記述了獵人們捕獲獐、鹿、雉、鶉、兔、貜，漁夫們設網捕獲鱣、鮪等的情況。

在農業發展的同時，畜牧業和家庭飼養業也有相應的發展，西周時期的城市遺址、聚落遺址和墓地中，普遍出土了數量很多的牛、羊、馬、豬、狗、雞的骨骸。

據文獻記載，祭祀用牲，牛為太牢，羊為少牢，重大慶典最多要宰殺用牲三百頭。由於各種祭祀活動頻繁不斷，可知當時畜牧業的發展已相當可觀。

北方地區牛羊的飼養放牧十分興旺，其中養羊業尤為突出，已熟悉對羊群的管理和飼養技術，並積累了不少防治牛羊疾病的經驗。

當時每一群羊可過三百頭，但放牧的每群數量不宜過多，三百頭算是大群。在草原上遼闊的牧區，牛羊的數量很大，農業聚落則利用荒山與河灘放牧。

西周時期對飼養牛羊都特別重視繁育增殖，《禮記·王制》等文獻明文規定「大夫無故不殺羊」，除祭祀、慶典和節日外，不能隨意殺羊以為食。

市井屠宰販賣的肉類主要是豬與狗；屠羊賣肉是春秋時期才逐漸出現的。商品羊在西周尚未出現，體現了社會上商業活動還有一定侷限性，養羊業還未脫離自然經濟的階段。

牛的飼養也很發達。新石器時代晚期至夏商兩代，牛的數量日益增多，殷墟發現的卜骨，大多是牛胛骨，僅在小屯南地出土的牛胛骨就有四千四百四十二片，可見養牛業的興旺。西周遺址和墓地出土的牛骨更為豐富，同時出現了許多以牛為裝飾的陶器、青銅器造型藝術品。

西周的土地制度是井田制，是奴隸社會的土地國有制。它與宗法制度緊密相連，在西周時期，得到進一步的發展。

周天子以宗主身分，將土地和依附在土地上的人民分封給新舊諸侯，諸侯國的國君在封地範圍內又有最高的權力。

在諸侯國君的統轄範圍內，再將部分可耕地建立采邑，分封給卿大夫，形成卿大夫之家；各卿大夫之家，再將所屬範圍內的土地分封給士。

這樣，各級奴隸主貴族各自成為所受分地的實際佔有者。他們世代相承，役使奴隸耕作，形成層層相屬大小不等比較穩定的奴隸制經濟單位。

西周時期有「國」、「野」之別。「國」中和「野」裡雖然都有公社所有制即井田制度，但其中的「公田」和「私田」的存在形式並不完全相同。

居於「野」裡的多是商、夏族，周滅商後，他們的公社及其所有制幾乎原封不動地沿存了下來，因而「公田」和「私田」在空間上是明顯分開的。

「野」裡的公社農民除了耕種自己的「私田」外，還要助耕「公田」。這種助耕「公田」的做法，在古代文獻中稱之為「助」或「藉」。

由於當時「野」裡有「公田」和「私田」之分，「公田」上的收穫物歸國家，「私田」上的收穫物則歸公社農民所有，所以，西周時期的公社農民為其國家即奴隸主貴族耕種「公田」以代租稅。

當時的土地由於是國有的，因而地租和賦稅也是合一的。那時的公社農民在「公田」上所付出的代價，既代表了賦稅，也算是向國家繳納了地租。

西周時期「野」裡的公社土地是要定期分配的。當時分配份地有兩種辦法，一個是遂人法，一個是大司徒法。

《周禮·地官·遂人》中說：

辨其野之土，上地、中地、下地，以頒田里。上地，夫一廛，田百畝，萊五十畝，餘夫亦如之；中地，夫一廛，田百畝，萊百畝，餘夫亦如之；下地，夫一廛，田百畝，萊二百畝，餘夫亦如之。

這裡所說的「夫」是正夫，即一戶之長。假如這個家是五口之家，這個夫就是有父母妻子的，夫自身則是一家的主要勞動力。

「餘夫」是和「正夫」相對而言的，意思是剩餘的勞動力。正夫的子弟，已娶妻，但並未分居的，亦稱作餘夫。

「廛」指的是房屋，「夫一廛」表明井田制中的土地分配還包括房屋的更換。「萊」指的是撂荒地，在土地分配中「萊」的畝數不同，正是用以調劑土地質量的不同。

「餘夫亦如之」，是說「正夫」分得的田是百畝，而「餘夫」則是二十五畝，這個「餘夫亦如之」，指的是「餘夫」所分得的田和菜的比例和正夫相同。

即「餘夫」上地得三七點五畝，以二十五畝為田，十二點五畝為菜。中地得五十畝，半田半菜。下地得七十五畝，二十五畝為田，五十畝為菜。

《周禮·地官·大司徒》中說：

凡造都鄙，制其地域而封溝之，以其室數制之，不易之地，家百畝；一易之地，家二百畝；再易之地，家三百畝。

鄭眾解釋說：「不易之地，歲種之，地美，故家百畝；一易之地，休一歲乃複種，地薄，故家二百畝；再易之地，休二歲乃複種，故家三百畝。」

這是適用於都鄙的土地分配製度。所謂都鄙，也就是「王子弟，公卿，大夫采地」。這種分配土地的辦法，是以受田畝數的多寡來調劑土地的好壞。這種土地分配制度，要定期實行重新分配，其重新分配的時間是三年一換。

井田制度是中國奴隸社會最基本的土地制度，是夏、商、周三代社會的農業生產方式及其制度結構安排的總體描述，也是奴隸制國家賴以存在的經濟基礎。這種起源於原始社會末期農村公社的土地制度，在進入階級社會以後，形式猶存，而性質已變。

閱讀連結

周文王在中國歷史上是一位名君聖主，被後世歷代所稱頌敬仰。

他在治岐期間，對內奉行德治，提倡「懷保小民」，大力發展農業生產，採用「九一而助」的政策，即劃分田地，讓農民助耕公田，納九分之一的稅。商朝人往來不收關稅，有人犯罪妻子不連坐等，實行著封建制度初期的政治，即裕民政治，就是徵收租稅有節制，讓農民有所積蓄，以刺激勞動興趣。

岐周在他的治理下，國力日漸強大，最後滅掉了商，建立了不朽功業。

春秋戰國時期的農業

■齊桓公雕像

春秋戰國時期，諸侯爭霸，戰亂紛起。各路諸侯對於農業生產的重要性已經有了深刻的認識，一些諸侯國提出了「耕戰」的口號，並透過一些政策，鼓勵農民發展農業生產，支援戰爭。

在當時，鐵農具逐漸代替青銅工具而廣泛使用，興修了眾多水利工程，傳統的精耕細作技術已初步形成，大大推動了農業的發展。

在土地制度方面，封建土地私有制度戰國末期已經逐漸形成。

春秋戰國時期，糧食作物最主要的有：粟、黍、稻、麥、粱、菽、麻等。農作物產量有了提高。在一般年景下，一市畝的田地約可產粟九斗六升多，最好的年成，可以產三石八斗五升。

春秋戰國時期的鐵農具，最初只是在木工具上鑲鐵刃，但因冶煉技術水準所限，多為白口鐵，鐵中的碳以極脆硬的碳化鐵形式存在，農具易斷裂。後來，隨著鑄鐵柔化技術的出現，白口鐵可退火處理成韌性鑄鐵，農具強度逐漸提高。

《山海經》中記載，有明確地點的鐵山共三十七處。考古材料說明，北自遼東半島，東至海濱，南至廣東，西到陝西、四川，包括當時七國的主要地區，都有戰國時期的鐵器出土。

春秋戰國時期，犁逐漸代替了耒耜，牛耕逐漸代替了人耕。牛耕大大提高了耕作效率，解放了勞動人手，牛耕的逐步推廣是耕作技術的巨大進步，是中國古代耕作技術史上的一次革命。

春秋戰國時期的精耕細作技術有了很大提高。《呂氏春秋》中的《任地》等篇是先秦文獻中講述農業科技最為集中和最為深入的一組論文，論述了從耕地、整地、播種、定苗、中耕除草、收穫以及農時等一整套具體的農業技術和原則，內容十分豐富。《任地》等篇的出現，標誌著傳統的精耕細作技術已初步形成。

這一時期的精耕細作主要有以下的一些技術特徵：

一是提倡深耕。由於鐵農具的廣泛使用和牛耕的出現，為農業生產中實現精耕細作準備了條件。到了戰國時期，深耕得到廣泛提倡。

在《任地》中提出：剛硬的土壤要使它柔軟些，柔軟的土壤要使它剛硬些；休閒過的土地要開耕，耕作多年的土地要休閒；瘦瘠的土地要使它肥起來，過肥的土地要使它瘦一些；過於著實的土地要使它疏鬆一些，過於疏鬆的土地要使它著實一些；過於潮濕的土地要使它乾爽些，過於乾燥的土地要使它濕潤些。

這表明，春秋戰國時期，土壤耕作方面已積累了豐富的經驗。

二是實行壟畝法。就是在高田裡，將作物種在溝裡，而不種在壟上，這樣就有利於抗旱保墒。壟應該寬而平，溝應該窄而深。對於壟的內部構造，則要創造一個「上虛下實」的耕層結構，為農作物生長發育創造良好的土壤環境。

三是消滅「苗竊」。就是消滅由於播種過密，又不分行而造成的苗欺苗，彼此相妨現象。為此，播種量要適當，不要太密，也不要太稀。而且要因地制宜地確定播種密度。這是有關合理密植原則的最早論述。

在株距和行距上，要求縱橫成行，以保證田地通風，即使是大田的中間，也能吹到和風，而不致鬱閉。這表明當時已有等距全苗的觀念。

在覆土要求上，覆土厚度要適當，既不要過多，也不要大少。在間苗除草上，間苗時要求間去弱苗，並與除草同時進行。

四是審時。農業生產的一大特點是強烈的季節性。以耕期而言，土質不同，耕作期也有先後，土質黏重的「壚土」，應當先耕，而土質輕鬆的「靹土」，即使耕得晚些，也還來得及。

為了確定適耕期，《呂氏春秋》中總結了看物候定耕期的經驗，指出：「冬至後五旬七日，菖始生，菖者，百草之先生者也，於是始耕。」這是以菖蒲出生這個物候特徵，作為適耕期開始的標誌。

除了上述特點之外，春秋戰國的農業技術還出現了一些引人注目的現象，如多糞肥田、連種制、防治害蟲等，儘管當時還處於雛形階段，但卻為後來的發展奠定了基礎。

春秋戰國時期，各大諸侯國都很注意水利工程的興修，或修築堤防，或開鑿運河，或興建灌溉、排澇工程。這些工程的修建促進了農業生產和商業、交通的發展。

春秋末期，吳王夫差為了北上爭霸，在長江至淮河間開鑿運河邗溝，這是中國最早的有文獻記載的運河。邗溝便利了農業灌溉和南北交通。

戰國時期，地勢較低的齊國沿黃河修築長堤，以防雨季河水泛濫。堤成後，齊國境內得保無虞。對岸的趙、魏兩國由於面臨洪水的威脅，也築長堤以防洪水，這就使黃河下游兩岸人民生產、生活得到一定的保障。

在這一時期興修的水利灌溉工程中，最著名的是蜀太守李冰主持修建的都江堰和秦王政時候修建的鄭國渠。

都江堰位於岷江中游的灌縣。李冰組織修建了防洪、灌溉和有利於航運的都江堰，可以灌溉農田三百萬畝，使成都平原成為豐產地區。

鄭國是韓國的著名水工，後來到秦。在他的主持下用了十幾年時間，組織了數十萬民工興修了引涇水入洛河的水利灌溉工程。幹渠長達三百餘里，灌溉面積四萬頃，既便於交通，又使關中成了肥壤沃野。

隨著鐵製農具的使用，牛耕的推行，以及水利灌溉工程的建設，社會生產力迅速發展，各諸侯國實行變法改革，「廢井田、開阡陌」，開墾新荒地，利用撂荒地，成為各諸侯國變法改革的重要內容。

大量新荒地被開墾出來，撂荒地被充分利用起來，井田以外的私田不斷增加，奴隸們的反抗也在不斷加劇，作為奴隸制土地制度基本特徵的井田制，逐漸趨向瓦解，土地私有制度迅速發展起來。

西週末期，周宣王宣布「不籍千畝」成為西周王畿內的井田趨向崩潰的標誌。在古代農業被看做國之本，天子為了表示對農業的重視，在春耕的第一犁的開犁儀式必親身而為，這就是籍千畝的來歷，也叫「籍田」。周宣王對於只要耕一壟土這樣的事也不願去做去完成，導致民心離散。

春秋時期，諸侯國的井田制逐漸走向了崩潰。

戰國時期，各諸侯國新興的地主在取得政權以後，都實行了變法改革，廢除了以井田製為代表的土地所有制。

魏國是變法改革較早的諸侯國，李悝變法時，將「廢溝洫」作為變法改革的重要內容，加速了井田制的崩潰。秦國是變法改革比較徹底的諸侯國，商鞅變法時，「廢井田，開阡陌」，促進了井田制的瓦解。楚國在吳起變法時，以政治強制手段變革土地制度，強令奴隸主貴族離開世襲領地，遷徙到邊遠地區從事開荒，徹底破壞了井田制。

春秋時期，土地私有制的初步發展，很多土地轉為私有，包括采邑或賜田，貴族之間互相劫奪的土地以及開墾的荒地等。

戰國時期，隨著封建地主在鬥爭中的勝利，他們利用所掌握的政治權力，採取了一系列的政策措施和手段來鞏固土地私有制。官府把土地賞賜給官吏和有軍功的人，他們可以自由買賣土地而成為地主，工商業者以其所獲得的利潤購置土地而成為地主。到了戰國末期，土地私有制就已經確立了。

閱讀連結

李冰受到重視農業生產和水利建設的秦昭襄王的重用，被派到蜀郡去做太守。

李冰到蜀郡後，立即著手瞭解民情。他看到成都平原廣闊無邊，土地肥沃，卻人煙稀少，非常貧窮。原來是岷江年年泛濫所致。

李冰決心要征服這條河流，為當地的老百姓謀福。經過對岷江流域進行了全面考察和周密策劃，李冰決定修築一個免遭水淹的系統工程，後來，終於修成了名垂千古的都江堰。

李冰一心為民，千百年來一直受到四川人民的崇敬，被尊稱為「川主」。

中古時期 均田流變

秦漢至隋唐是中國歷史上的中古時期。

這一時期，耕地面積、農作物品種及農業人口的增加，為生產的發展創造了條件；犁耕的普及，極大提高了生產效率；曆法的編訂與完善，服務了農業生產；灌溉水網的修建與完善，在抗旱排澇中發揮了重要作用；精耕細作傳統的形成，保障了農作物的產量；農牧業格局的調整，體現出農業經濟的多樣性。

另外，各個朝代的土地制度，也為農業的發展創造了條件，體現出鮮明的時代特徵。

秦代農業生產和土地制度

■秦始皇畫像

秦朝是由戰國後期一個諸侯王國發展起來的統一大國，是中國封建社會的第一個統一王朝。秦代在農業生產力水準和農業生產產量兩個方面都超過了以前。

在土地制度方面，秦初承認土地私有，同時保留一定數量的休耕地，以法律形式在全國確認土地私有，並制訂了相應的賦稅制度。

土地私有制的建立，在當時有利於社會經濟的恢復和發展。秦代土地制度的逐步完善，體現了封建土地制度初建時的特點。

秦自商鞅變法以後，歷代國君都把農業作為治國之本，非常重視水利建設，推廣鐵器和牛耕。戰國時代所修建的都江堰灌溉系統、鄭國渠，以及其他數以萬計的陂池溝渠，直到秦統一後仍在發揮作用。

秦代配合水陸交通建設，又在隴西、關中、黔中、會稽等郡修建了大批新的水利設施，使更多的農田得到灌溉，提高了單位面積產量。

鐵農具在戰國已普遍使用，秦代的鐵農具又有發展。近年考古發現大量秦時期的鐵犁鏵、鐵臿、鐵鋤、鐵鐮等，不但分佈廣泛，而且器形有所改進。

秦政府設置有「左採鐵」、「右採鐵」等專管鐵器生產和使用的官吏，足見對於鐵器的重視。

牛耕與鐵農具在戰國時期才廣泛推行起來，秦國是使用牛耕和鐵農具的先進國家之一，這和西周時就在這個地區使用馬耕或牛耕的歷史不無關係。

秦國對於耕牛很是重視，在法律中規定有評比耕牛飼養的條文。在雲夢秦簡中，《秦律》規定對偷盜耕牛的人必須判罪。並規定廄苑所飼養的牛必須達到一定的繁殖率，達不成任務的要受處罰。而且定期進行考課，對飼養好的予以獎勵，飼養差的給予處分。如此的重視耕牛，農業生產自然會不斷發展。

鐵農具和牛耕的使用，為開墾荒地、深耕細作、增加耕作效率提供了便利條件，使得秦代的耕作技術在戰國的基礎上進一步提高。

秦簡中提到應根據不同的農作物決定每畝播種的數量，說明當時人們已經知道合理種植。另外，《秦律》也對如何搞好田間管理，保護農作物生長作了若干規定。

特別是秦始皇的相國呂不韋主編的《呂氏春秋》，其中《任地》、《辨土》、《審時》等編，是記載農業耕作技術的專著，記載了改良土壤、適時種植、間苗保墒、除草治蟲等方面的經驗和知識。

漢初流傳的《耕田歌》道：「深耕概種，立苗欲疏；非其種者，鋤而去之。」實為耕作經驗之談。這首歌在秦代應已產生。

農業生產力的提高，必然帶來農業生產產量的增加。秦時的農業產量，無論就單位面積產量或總產量來說，都比戰國時期其他國家高的。從秦國糧倉的設置和變化情況，最能反映秦國農業經濟的發展狀況。

中原地區是秦代糧食的主要產區，封建政權在這一帶的存糧也非常之多。據《史記·酈生陸賈列傳》載，秦末陳留尚有秦積粟數千萬石。楚漢決戰前夕，彭越攻下昌邑旁二十餘城，得穀十餘萬斛。

秦建於滎陽、成皋間的敖倉是當時最有名的糧倉，積粟甚多。劉邦曾據敖倉之粟打敗了項羽，後來英布叛漢時，仍有人提出據敖倉之粟是成敗的關鍵。可知秦漢之際十多年間，敖倉之粟取之不竭，其存糧是非常多的。

巴蜀地區也是秦代的重要產糧區，《華陽國志·蜀志》說：劉邦自漢中出三秦伐楚，蕭何發蜀，漢米萬船，而給助軍糧。

《史記·高祖本紀》還記載，因漢初饑荒嚴重，劉邦遂令民就食蜀漢。說明秦漢紛擾之際，這裡的糧食積累仍然豐富，農業生產相對穩定。

秦國的糧食不僅供給本國人們食用，而且還大量外運。早在西元前六四七年，晉國發生饑荒，晉君向秦穆公借糧。當時秦向晉輸糧的場面是：在秦都雍至晉都絳的水路上，載糧食的船隻綿延不斷，其規模之大，好像一場戰爭。因此，歷史上將這次輸糧稱之為「泛舟之役」。

秦生產的糧食，不僅可以滿足其迅速增長的人口食用，而且還大量用來釀酒。

由以上論述不難發現秦國的農業經濟是相當發展和繁榮的，特別是在秦統一中國的初期。正因為秦以穀物種植業為主的農業經濟頗為發達，才使得秦有雄厚的經濟基礎，與東方諸國抗衡、爭霸，並最終統一天下。到秦滅亡以後，漢也不得不承認「秦富十倍於天下」。

秦代的土地制度，是由國有土地和私有土地兩部分構成的。國有土地是封建國家政府所有直接經營的土地，一般被稱作官田或公田。這種土地遍及全國各地。另外未被私人開發佔有的山林川澤、未被開墾的草地和荒地，也都屬於封建官府所有。

國有土地有兩種類型，一是封建官府直接佔有和經營的官田或公田，二是封建皇帝、皇室佔有和經營的官田和公田。如散佈在全國各地的宮院、苑囿、行宮、園林、池沼、圍場、陵地以及籍田、牧地等。

私有土地指的是私人佔有的土地，亦稱民田或私田。秦王朝統一全國後，於西元前二一六年公佈「黔首自實田」的法令。

法令要求：平民自報所佔土地面積，自報耕地面積、土地產量及大小人丁。所報內容由鄉出人審查核實，並統一評定產量，計算每戶應納稅額，最後登記入冊，上報到縣，經批准後，即按登記數徵收。

按照這一法令，繳納賦稅即可取得土地所有權，其所有權得到國家法律的承認與保障。這樣，秦朝也就以國家統一法令的形式，土地私有制在中國歷史上確立起來。促進了地主經濟的進一步發展。

私有土地又為地主私有和小土地所有兩種形式。地主私有就是擁有較多土地。他們的土地來自賞賜、侵佔、巧取、豪奪以及購買等。小土地所有就是直接生產者和自耕農擁有小塊土地。

小土地所有者除原來的自由農民外，多系從農奴解放出來佔有原來份地即私田的農民，還有開荒或購買而取得土地者。

閱讀連結

秦始皇重視農業，重視土地的政策，推行重農抑商政策。

他不但下令佔有土地的地主和自耕農只要向政府申報土地數額，交納賦稅，還大力發展了全國的水陸交通，修建由咸陽通向燕齊和吳楚地區的馳道，以及由咸陽經雲陽直達九原的直道，並在西南地區修築「五尺道」。

他還開鑿了靈渠，引湘入漓，聯結起分流南北的湘江、灕江，溝通了長江水系與珠江水系。此外，秦始皇統一度量衡和統一幣值，也為後世的經濟發展奠定了重要的基礎。

漢代農業及土地全面私有化

■漢高祖劉邦

漢代分為西漢和東漢，是繼秦代之後強盛的大一統帝國。漢代農業技術取得了很大進步。

農田作業的集約化，使整地、除草及不斷中耕成為中國農業的標誌性特徵。同時，農作方式的集中和小規模農作，有助於農民在田間工作的精緻和徹底。農具種類的多樣化同樣表明了農業的重要性。

兩漢的封建土地制度，沿襲秦代的土地制度並有所發展。這些制度的最大特點，就是土地的全面私有化。西漢土地私有制的確立，對後世的影響巨大。

漢代農作的規模一般都不大，每個農戶的平均農作規模是二十至三十畝。當時的田租雖然名義上要根據產量的多少繳納，但實際上是按照土地面積徵收的，因此農民就盡可能多地進行生產。

結果出現了連作的農作方式，即連續種植同一種作物，或者是對不同作物進行輪作，而且從一年一熟制逐漸發展出了一年多熟制。從耕作技術上說，這顯然是個進步。

除了作物輪作外，土地的集約使用還表現為對各種蔬菜進行間作套種。中國四大農書之一的《氾勝之書》提到了瓜、薤、豆之間的間作套種。黍與桑樹也可以一起種植，燒過的黍稈灰可以給桑樹苗提供養料，由於桑樹苗只需要很小的空間，這樣做還能充分利用桑樹苗之間的空地。

由於耕地的連續使用及北方生長期較短，迫使農民必須更為經濟地使用土地並發展更好的農業技術。

西元前一世紀初期，在趙過的提倡下，一種稱為「代田」的耕種方式受到了漢王朝關注。

採用代田法，一畝農田要被劃分為若干條甽，溝中犁起的土壤則被堆在甽旁形成一尺高的壟。種子播種在甽中，在其生長過程中不斷將壟上的土推入甽內苗根上。最終，壟上的土全部被推回溝內。次年，則在原來甽之間的土地上開挖新的甽。

趙過還改進了農具三腳耬車，來適應這一新耕種方式的需要，並在政府公田上進行了實驗。他推廣的牛耕為「耦犁」，即「二牛三人，操作時，二牛挽一犁，二人牽牛，一人扶犁而耕。」

二牛三人耕作法反映了牛耕初期時的情形。在公田上實驗後，結果其產量要遠遠高於在不做甽的農田內採用撒播的老辦法。

《氾勝之書》提到的區種法，在代田法的基礎上進一步精細化了。

代田法與區種法都是旱地農作技術。《氾勝之書》提到的十四種作物中只有稻是水田作物。他論述了水稻的種植技術，其中一個重要特徵，就是透過控制水流進入稻田的方式，來保持稻田中水深與水溫的均勻。透過運用簡單有效的設置，農民創造了最適宜水稻生長的環境。

水稻的育秧移栽措施，也是漢代農作技術之一。先在秧田內培育秧苗，再將之移植到稻田中，其長處是明顯的：當其他作物還在農田內尚未成熟時，水稻的種子已經開始在秧田內發芽了。

《氾勝之書》對選種與儲種有過簡單的論述。強壯、高大、高產的單穗往往被選作來年的種子。為使種子免於受熱與受潮，對種子的儲藏必須非常仔細。首先要讓種子乾透，然後放入竹製或陶製的容器中，再加入防蟲效果好的草藥。到來年播種時，下種之前一般採用溲種法進行處理。

《氾勝之書》中就記載了溲種法。當時有兩種溲種法：一種是后稷法，另一種是神農法。

兩種溲種法，雖然在做法上有些不同，但原理都是一樣的。這就是在種子外麵包上一層以蠶糞、羊糞為主要原料，並附加藥物的糞殼，這種方法現代稱之為「種子包衣技術」。

漢代農民使用的農具主要是鐵製與木製的，例如耒，實際上是很原始的農具。耒耜類農具在《說文解字》中位列木農具之首，每一種都有非常獨特的功能。《說文解字》還羅列了各種木農具，包括各種用於鋤、犁、耙、收割、脫粒等的農具。

漢代的鐵農具有鍬、鶴嘴鋤、犁、雙齒鋤、園藝鋤、鐮刀與長柄鐮刀等。鐵鍬至少有四種類型，每種都有特定的名稱。

犁的演變說明了農具的變化是由它的特殊功能決定的。犁的原型僅僅是一種較大的耒。當耒有了能穿透土壤的切割刃時，它實際上就變成犁了。尖刃會逐漸發展成更為有效的犁鏵。後脊最終發展成為犁板，也有助於翻起土壤。

到這時犁就會太大，人拉不動，需要使用牛或馬了。但是完全木製的犁適應不了牲畜的拉力，於是導致了一次重大改進，就是在犁鏵上加上一個鐵鏵刃。

漢犁的形制並不完全一致。有些犁非常小，似乎不可能是用畜力牽引的。大型犁在翻耕新農田時非常有用。中型犁要輕便一些，兩個人就能拉動，符合對趙過推廣代田法時所提倡的那些輕便農具的描述。

漢朝推廣了犁的使用，尤其是在邊遠地區，地方官員都鼓勵百姓採用牛耕。當時實行專營的鐵官由於職司所在，可能的確曾經將製造鐵犁視為完成其額定任務的捷徑，而朝廷對犁的製造與出售，又可能推動了它的使用。

漢高祖劉邦在立國之初，就非常想實現一個天下人人耕作有其田和沒有奴隸制度的理想社會。所以，他剛剛當上皇帝，且在天下尚未平定的時候，就急切地下了一道詔令，要求解放奴婢，給予這些昔日的奴隸們以庶民身分，也就是自由民身分。同時，他要求國家授田於所有從軍人員，甚至包括那些昔日的秦官舊兵將們，希望天下能夠人人耕作有其田。

為了穩定天下，漢高祖在土地制度上的第一項措施就是實行封建官田制和授田官田制。

官田也叫公田，是封建國家所有的土地。這種土地包括朝廷用來賞賜或贈與宗室、勛戚、功臣、百官的土地，以及宮殿、宗廟、官府、陵墓、苑囿、牧場、圍場、籍田等佔用的土地。

西漢朝廷將國有土地分封給公侯貴族的主要對象，主要是這樣的幾種人：一是同姓王侯們，這些人佔據的土地份額往往很大，小則一個縣，大則幾個郡，就像吳王劉濞的那樣，他甚至可以在自己封國內開闢礦山鑄造錢幣去套取其他郡縣的資金；二是朝廷大臣侯爵們，就像蕭何這樣的一大批封侯之人，一般都是國家有功人員，或者是朝廷的重臣。

皇親國戚和官僚地主們的土地一般都採取租賃給佃戶耕作的方式，佃戶給這些封地的主人交納地租。這些封地的主人，就是這些佃戶農民的首領。

對於國有土地，漢高祖也採取了相應的措施。

西漢時期存在著大量的國有土地和資產。因為按照當時的規定，凡是國家規定的田產之外的所有國家土地和河川山穀，都是國家所有。再加之軍墾土地、拋荒和沒收那些罪犯的土地和資產，所以，西漢時期也有大量的國有土地和資產存在。

屯田土地制度，無論是在西漢還是在東漢，朝廷為了戰爭的需要，都在中原內地實行過「屯田」。這些屯田所產的糧食，主要是為了供應軍隊的軍糧。

在自耕農土地制度方面，國家採取統一分配土地的做法。

自耕農是西漢開國初期已經獲得完全自由民身分和自己具有相當田產所有權的農民，他們的土地，是西漢初期由國家統一分配給的。不同時期，國家分配土地的數量不等。漢文帝時期，自耕農的土地大約在人均六十畝左右，到了漢平帝時期，也就是西漢後期，自耕農的土地就已經下降到人均十三畝左右了。

西漢時期，只有自耕農的土地才算是真正的私有制田產。而區別於私有制田產的根本標誌，就是自耕農可以根據自己的從業需要和職業變換，可以自由買賣土地，土地是這些自耕農的個人資產。

西漢王朝是一個奴隸解放的重要時期，漢高祖剛剛登基皇帝，他就下達詔令解放奴隸，不許可轉賣奴隸。所以，自耕農土地制一直持續到新莽政權時代，都是嚴格執行的。

西漢後期，由於豪強仗勢欺人地霸佔和侵吞土地的情況越來越嚴重，自由民身分的自耕農大量破產，國家的安全就成問題了。所以，漢哀帝時期的大司空何武、丞相孔光和師丹三人，提出了中國歷史上首次由國家推行的土地改革運動。

這次土地改革運動，是透過行政命令，限制官吏、王侯和平民各自的田產以及家中奴僕的數量。但這項法令基本上是一紙空文，當時無法落實。

一直到了新莽時期，王莽透過強大的軍政方法才最終實行了這項土改法令。但是三年之後，王莽的這次土改運動就失敗了。

綜上所述可以發現，漢代土地制度的全面私有化，無疑是將國家的權利和義務下放到每個國民身上的措施，這是社會進步的標誌。

閱讀連結

漢武帝剛剛登上皇帝寶座時，為了發展農業生產，採取了很多行之有效的措施。

首先是大力興修水利工程。他在位時修建了漕渠、白渠、龍首渠等多條灌溉渠，還在秦朝開成的鄭國渠旁邊開了六條輔渠，灌溉高地。

西元前一〇九年，漢武帝征發數萬士兵堵住了黃河決口。經過這次治理，黃河下游大約有八十年沒有鬧過大水災。漢武帝還大力推行屯圍、屯墾等發展農業的重大措施。他還大力推行趙過的代田法和新農具等，大大促進了農業的發展。

三國兩晉南北朝時的農業

■曹操畫像

三國兩晉南北朝時期，農業的發展呈現出南北不同的特點。北方由於戰亂頻仍，農業生產經由破壞到復甦的迂迴曲折的發展道路，使其原來居於農業生產中心的地位有所下降。

南方由於處於相對安定的局面，並因為北方的動亂，加之人口的大量南遷和先進生產技術的輸入等，從而為農業發展提供了有利條件。

這一時期農業生產取得了長足的進展，其重要性日益上升，它為日後經濟重心的南移創造了條件。

三國兩晉南北朝時期，北方旱作區種植業以生產粟、麥為主。為解決春種粟時遇春旱，秋播麥時缺墒這一突出問題，農民們在前人土壤耕作技術的基礎上，改進了耕犁，發明了耮和耙等整地工具，並創製了一整套的土壤耕作技術。

這套耕作技術的要點：首先是要耕好地，在犁細的基礎上進行耙、耱。

據《齊民要術·耕田第一》記載，當時耕地已頗為講究，以操作時期分有春耕、夏耕和秋耕；以操作程式先後分有初耕和轉耕，即第二遍耕；以耕翻深度分有深耕和淺耕；以操作過程的方向分有縱耕、橫耕和順耕、逆耕等。此外，對耕地的時宜、深淺度書中也有記述。

其次是要多次耪地。《齊民要術·耕田第一》特別強調「犁欲廉，勞欲再」。「廉」，就是犁條要窄小，地才能耕得透而細；在此基礎上「勞欲再」，將耕後的大土塊耙小，耱則使小土塊變成細末。多次耙耱，能使土壤細熟，上虛下實，有利於保墒防旱。耙耱進行的時間則以「燥濕得所」為好。

中國古代北方旱作地區的歷代農民，就是利用這套保墒防旱技術，使廣大灌溉條件較差，或沒有灌溉的地區，在一定程度上解除了春季風旱和秋季缺墒的威脅。

由於社會經濟的發展，需要多種多收，以及農作物種類的變化，因此形成了多樣化的農作制度。

《齊民要術》中記載的農作物有幾十種之多。糧食作物有穀、黍、粱、秫、大豆、小豆、大麥、小麥、瞿麥、水稻、旱稻。

此外，還有纖維作物、飼料作物、染料作物、油料作物等。種類繁多的作物，為進一步發展輪作複種制提供了有利條件。

當時黃河中下游的二年三熟制作物有：糧、小豆、瓜、麻、黍、胡麻、蕪菁、大豆。江南地區則發展了一年二熟制，作物主要是雙季稻。南方在水熱條件特別好的地區甚至出現了三熟制。

中國的間、混、套作技術始於西元前一世紀，經過五百年的發展，到後魏已初具模式。《齊民要術》中記載了多種間混作方式：林、糧間作有桑苗下「種綠豆、小豆」，「繞樹散蕪菁子」；蔬菜間作有「蔥中亦種胡荽」等。

《齊民要術》的記載還反映出人們已深刻認識到間、混、套作中作物與作物、作物與環境之間的關係，並採取了正確的選配作物組合和田間配置方式。

種植綠肥是以田養田的一種有效措施。這時已是有意識的栽培綠肥。後魏時期，北方已廣泛利用栽培綠肥以培養地力，《齊民要術》中記載的綠肥作物有綠豆、小豆、芝麻之類。並說利用綠肥和施肥有一樣功效而省施肥之功力。對各種綠肥作物的肥效還進行了評價和比較。

三國兩晉南北朝時期，人們認識到選種和良種繁育是作物增產和提高品質的重要因素，把選種、留種、建立「種子田」、進行良種繁育、精細管理、單種單收、防雜保純結合在一起，形成一整套措施，奠定了中國傳統的選種和良種繁育技術基礎。

這一時期湧現大量農作物新品種，特別是穀類作物的品種大大增加。《齊民要術》記載的粟品種就已有八十六個，水稻品種二十四個。南方栽培稻除有秔稻和秫稻之別外，還有兩熟稻、再生稻等品種。

播種質量比以前提高了，人們已掌握種子好壞的測定、選種、曬種、催芽等技術。《齊民要術》中記載的方法都是簡易而又快速的測定法。用清水淨淘種子，強調曝曬種子以及浸種催芽也被視為種子處理的重要環節。

為做到適時播種、爭取增產，《齊民要術》已總結出了一些重要作物的播種期，把穀子、大豆、小豆、麻子、大麥、小麥、水稻、旱稻等許多作物的播種期分為「上時」、「中時」和「下時」。

「上時」，為播種最適宜的時期。並指出要根據物候現象、土壤肥力和墒情等條件確定播種期；提出了種穀早晚要搭配、一般宜於適當早種，以及閏年應遲種等原則。

這一時期的田間管理，已經認識到了做好中耕除草工作有利於保墒防旱和熟化土壤，提高產量和產品質量。因而操作上比以前更精細，提出多鋤、鋤小、鋤早、鋤了的要求。

三國兩晉南北朝時期，果樹和蔬菜的栽培技術有了發展與提高。

果樹種類和品種增多，北方除棗、桃、李、梅、杏等「五果」外，還有柿、梨、栗等。南方果樹，《齊民要術》卷十輯錄的有幾十種。果樹品種培育也很早就受到重視。嫁接技術這時有顯著發展。果樹的防寒防凍已有裹縛、熏煙、埋蔓等方法。

蔬菜種類比秦、漢時期增多，據《齊民要術》記載，有葵、菘、蔥、韭、蒜、蔓菁、蘆菔、蘘荷、各種瓜類等三十多種。

栽培技術提高的主要表現，首先是土地利用率提高，一年之內可多次收穫。其次，在菜園地的選擇、整地作畦、勻播種子、施肥灌溉以及貯藏等方面的技術也比以前有所提高。

三國兩晉南北朝時期，黃河流域蠶桑生產在全國仍佔較重要地位，江南地區有顯著的發展。蠶桑文化的普及蠶桑技術提高的表現是桑樹繁殖較普遍地採用壓條法。

壓條方法是當年正月、二月壓條，第二年正月中截取移栽。再就是人們對蠶的化性、眠性有了確切的認識。比如蠶有一化、二化，三眠、四眠之分，南方還有八化的多化性種，此係利用低溫控制產生不滯卵，從而達到一年中分批多次養蠶的目的。這是中國古代養蠶技術取得的一大進展。

關於三國兩晉南北朝時期的土地制度，由於這一時期長期處於分裂狀態，各地情況差異很大。三國時期的土地制度有三大特點，一是官田和公田擴大，二是民田和私田並存，三是種植類型各不相同。

三國時期，戰亂頻仍，人民流離失所，無主土地大量增加，這些無主土地都成了公田。因而呈現出官田和公田的擴大的特點。

民田和私田並存，一方面表現為大地主享有政治經濟特權，佔有大量土地；中小地主也佔有眾多的土地。另一方面，小土地所有者與漢代的情況也相似。

在農業經營類型上，有地主和大小豪強的莊園經營，也有自耕農的小農經營，還有無地或少地農民的租佃經營。

兩晉的封建土地制度，仍然和漢代大體相同，但是，它的私有形態發生了較大的變化，這就是門閥大土地所有制的形成和發展。

早在東漢末年，士族門第已逐漸在社會上形成一股勢力，由於兩晉封建官府從無士籍地主的士人中選拔官吏，他們踏上仕途後，在政治上是當權派，在經濟上是大地主或地主兼工商業。他們互相傳引，世代承襲，形成豪宗、大族門第、閥閱等強大的政治經濟勢力。

晉武帝司馬炎於兩百八十年統一後，就下令實行「占田」和「課田」制度。這個制度包括的主要內容：

一是對王公、貴族、官僚、世族地主等，規定他們佔有土地的面積、佃客戶數、蔭庇免役的親屬與奴僕人數。

二是對王公官吏占田數額，按品位高低規定了不同的限額。從一品官占田五十頃至九品十頃，中間以五頃為差。

三是規定各級官吏應有食客及佃客數目。也對一般農民規定了他們佔有土地的面積、課田面積、課田租額與徵課戶調的數額。

西晉實行的這種占田與課田制度，不是國有土地基礎上的授田，而只是在法律上規定和承認私人佔有土地的最高限額，以及按照土地畝數繳稅的數額。

至於這個土地佔有限額能否達到，國家並不給予保證，只是要求規定的課稅田畝能夠耕種，能按照課田畝數納稅就行了。

西晉的占田與課田制度，對於安定社會秩序，促進農業生產有重要作用。

北朝的土地制度是均田制。北魏孝文帝於西元四八五年發佈「均田令」，開始實行均田制度。其後，北齊、北周也都沿襲均田制度。「均田制」就是封建王朝對國有土地也就是官田行按農戶人口「計口授田」的制度，是封建官府創造的自耕農的土地所有制度。

據《魏書·食貨志》記載，均田制的土地分配標準有以下幾種：

一是露田，即種植作物的土地。凡年滿十五歲的男子，受露田四十畝；年滿十五歲的女人，受露田二十畝；奴婢也可受同樣的露田，不受人數的限制，有多少奴婢，受多少露田；農民有牛一頭，也可分得三十畝土地，但以四頭牛為限。

這個土地分配數額，是指不易田，即每年都可耕種的田。如因土質較差，需要休耕的，可以加倍受田。露田只能種植作物，不得另作他用，農民只有使用權，沒有所有權。

二是桑田，即已經種植或允許種植桑、榆、棗等果木的土地。男子初受田時可領種桑田二十畝；奴婢也可領得同樣面積的桑田。

桑田上必須種桑樹五十株、棗樹五株、榆樹三株，限三年內種畢，否則，未種的土地即由國家收回。在規定的株數外，多種者不加限制。如果當地不適於種桑，那麼，只給男子桑田一畝，種上幾株棗、榆之類即可。

三是麻田。在宜麻的地方，男子可領種麻田十畝，女子五畝，奴婢也可領種同樣面積的麻田。

四是宅地。每戶有三人的，給宅地一畝，奴婢每五人給一畝，以為居室之用。宅地周圍的土地，可作為園圃，種植桑、榆以及果樹等。宅地歸私人所有。

在北魏的均田制度中，還有土地還受的規定。露田和麻田，不得買賣轉讓，凡年齡合格者即受田，老邁及身歿者即還田。奴婢及耕牛受的田，則隨奴婢及耕牛的喪失而還田。土地的還受，以每年正月的戶口為基礎，若受田後死亡，以及奴婢、耕牛轉移，都要等到來看正月辦理還受手續。

北魏實行的均田制對世族豪門地主兼併土地雖有限製作用，但它並不觸動他們的既得利益，反而為增進其利益服務。如奴婢、耕牛等都受田，就對地主有利。均田制對地方官吏也規定了授給公田，但這種田並非私有，在官吏離職時，要將它轉交給後任。

閱讀連結

孝文帝從小就由漢人馮太后撫養，自幼深受儒家思想的薰陶，更加傾向於漢化改革。

他在統一北方後，鑒於各少數民族與漢族生產方式上的差距，為了改變這種落後的制度，吸納接受漢人先進的文明，孝文帝在馮太后的輔佐下，進行了改革，史稱「孝文帝改革」。

這場改革涉及到當時的各個領域。在農業方面，孝文帝認真地借鑑了中原地區的土地制度，頒布了均田制，對租調制度也進行了相應的改革。這對中國古代各族人民的融合和發展，造成了積極的作用。

隋代農業的發展與均田制

■隋文帝畫像

隋朝統一天下，為社會經濟文化的發展又開闢出一個新的歷史時期。在隋代，農業人口大幅度增加，農田面積空前擴大，水利設施得到修復和新的開鑿，糧食單產量居世界前列，官倉和義倉遍及全國各地，土地制度方面執行計丁授田政策。

長期積累的播種、施肥、灌溉等農業生產經驗得到了廣泛的推廣，使隋代的農業生產又上了一個新的境界。

南北朝時，北方遊牧民族與中原農業民族經過文化整合或漢化，到隋代時形成胡漢融合文化，形成了以漢族為主體的各民族融合而成的新漢族，戶口數量空前龐大。

隋代以前的戶口數極少，由於魏晉南北朝時期戰亂相連，實際戶口耗損劇烈。到隋代時期，戶口數開始劇烈成長，主要是因為課稅輕，徭役少，加上世族政治與莊園經濟的式微，人民願意脫離世族的蔭庇自立門戶。

西元五八五年隋文帝楊堅下令州縣官檢查戶口，自堂兄弟以下親屬必須分立戶籍，並且每年統計一次，北方因此多出了一百六十四萬餘口。

西元六〇九年隋煬帝楊廣已經擁有南方，他又一次大檢查，新附戶口六十四萬多。據《隋書·地理志》記載，隋代各郡分計數之和為全國有九百〇七萬多戶，大體上恢復了四個世紀以前東漢時期的戶口數，而人口數達到四千四百五十萬人。

隋代人口的增加，一方面是由於朝廷整頓戶籍的政策所致，另一方面也實際反映了人口的增加情況。隋代人口的迅速增加，也導致了隋代的農業生產在很短的時間內迅速發展起來。

由於隋代人口持續增長，為農業提供了大量勞動力，使墾田面積不斷增加。西元五八九年耕地面積一千九百四十萬隋頃，至隋煬帝時期增加到五千五百八十五萬隋頃。每隋畝約折合現在的一點一市畝。耕地面積的擴大，大致可以反映隋代糧食生產廣度。

伴隨著人口的持續增長和農田的大量開墾，隋代的水利設施得到修復和新的開鑿，而且更為廣泛和完善。隋煬帝開鑿了大運河，大運河帶來了灌溉及各種便利。除了大運河之外，隋代大規模地整修河道，從隋文帝楊堅時就開始了。

早在西元五八四年，隋朝就引渭水入潼關，長達三百餘里，命名為廣通渠。西元五八七年，又沿著春秋時期夫差開鑿的運河故道，打通了南起江都，北至江蘇淮安的河道，命名為山陽瀆。

僅這兩項大規模的水利工程，就在當時灌溉良田萬畝，因旱災而鬧荒數年的關中平原成為肥沃樂土，江南至北方的運河航線也因此疏通。

此外，隋朝在山西蒲州和安徽壽州也修建了大規模水利工程，並整治鹽鹼荒田，這些北周和南陳時期的饑荒「重災區」，皆因此變成土地肥沃的樂土。隋代農業之發達，正建基於大規模的水利建設。

隋朝致力於賦役對象與耕地面積的擴大，使國家有可能從民間徵得更多的實物。當時有大量穀物和絹帛從諸州輸送到西京長安和東京洛陽。在糧食充足情況下，為了儲存糧食以防治荒災，隋文帝在全國各州設置義倉與官倉。義倉防小災，官倉防大災。

為了保證關中地區糧食穩定，隋代在長安、洛陽、洛口、華州和陝州等地建築了許多大糧倉，在長安、並州儲藏大量布料。

為便於徵集物的集中和搬運，隋代沿著漕運水道設置了廣通、常平、河陽、黎陽、含嘉、洛口、回洛等諸倉。

西元五八五年，隋文帝採納長孫平建議，令諸州以民間的傳統組織「社」為單位，勸募社中成員捐助穀物，設置義倉，以備水旱賑濟，由社的人負責管理。由於這是社辦的倉，所以又稱為「社倉」。

西元五九五年和五九六年，隋文帝命令西北諸州將義倉改歸州或縣管理。勸募的形式也改為按戶等定額徵稅：上戶不過一石，中戶不過七斗，下戶不過四斗。其他諸州的義倉大概以後也照此辦理。義倉於是成為國家可隨意支用的官倉。

經過多年搜括蓄積，西京太倉、東京含嘉倉和諸轉運倉所儲穀物，多者曾至千萬石，少者也有幾百萬石，各地義倉無不充盈。兩京、太原國庫存儲的絹帛各有數千萬匹。隋代倉庫的富實是歷史上僅見的。反映了戶口增長與社會物質生產的上升。

農業生產的基本生產資料是土地。西元五〇二年，隋文帝頒布均田法。隋代的均田制度，是計丁授田的制度。

按照規定：男女三歲以下為黃；十歲以下為小；十七歲以下為中；十八歲以上為丁。丁受田、納課、服役。六十歲為老，免役。

均田法沿用北齊之制：普通農民一夫受露田八十畝，一婦受田四十畝，奴婢受田與良人同。丁牛一頭受田六十畝，以四牛為限。又每丁給永業田二十畝，為桑田，種桑五十棵，榆三棵，棗五棵。不宜桑的士人，給麻田種麻。桑麻田不需還受，露田則要按規定還受。其田宅，率三口給一畝，奴婢則五口一畝。

自諸王以下至於都督，皆給永業田。多者至一百頃，少者三十頃。京官給職分田，一品者給田五頃，每品以五十畝為差，至五品則為田三頃，其下每品以五十畝為差，至九品為一頃。外官亦各有職分田，又給公廨田。

這一土地制度，使農民佔有的耕地有了法律上的保障，增加了農民的生產積極性。

閱讀連結

隋文帝楊堅一貫體恤民艱，生活節儉。有一年關中大旱，隋文帝派人去視察民情。

出去的人從百姓那裡帶回了些豆屑和糠，隋文帝見後淚流滿面，他對大臣們說：「百姓遇到饑荒，這是我沒有德行啊！今後我不再吃肉、喝酒了。」

他命人撤銷了御宴，果然一年內酒肉不沾。皇宮內所用衣物，多是補了又補，直到不能用為止。太子楊勇，三子楊俊都因生活奢侈而被免去官職，甚至太子的地位也被廢黜。

有一次他要配止痢藥，在宮中竟找不到一兩胡椒粉。

唐代的農業技術及均田制度

■唐太宗李世民

大唐盛世，社會安定，百姓安居樂業，生產力水準有了很大提高，封建經濟呈現出高度繁榮的局面。這時期，農業生產技術也取得了長足的發展。

唐代出現了有利於灌溉的水力筒車、牛挽高轉筒車和便於耕作的曲轅犁，還注重興修水利，擴大耕地和能夠灌溉的水田，提高糧食畝產量。

唐代繼續實行隋代的均田制，且比隋代進一步完善。

在中國古代，人口增長一直是國家興旺發達的重要指標。唐王朝所控制的戶口在唐玄宗時已經達到九百〇六萬戶，五千兩百八十萬人口。這樣的人口數量，對當時農業生產各個方面的發展，具有非常重大的意義。

唐代的各種水車廣泛用於農田灌溉，是當時農業生產發展的一個重要因素。其中有一種唐代人創製的新的灌溉工具筒車，又叫水轉筒車，隨水流而自行轉動，竹筒把水由低處汲到高處，功效比翻車大。其種類有手轉、足踏、牛拉等。

筒車是用竹或木製成一個大型立輪，由一個橫軸架起，可以自由轉動。輪的周圍斜裝上許多小竹筒或小木筒，把這個轉輪安置在溪流上，使它下面一部分浸入水中，受水流之衝擊，自行旋轉不已。輪周斜掛的小筒，當沒入水中時滿盛溪水，隨輪旋轉上升。

由於筒口上斜，筒內水不流灑，當立輪旋轉一百八十度時，小筒已平躺在立輪的最高處，進而筒口呈下傾位置，盛水即由高處泄入淌水槽，流入岸上農田。

這種自轉不息終夜有聲的筒車，對解決岸高水低，水流湍急地區的灌溉有著重大意義。它一晝夜可灌田百畝以上，功效很大，確實是人無灌溉之勞而田有常熟之利。

除了筒車外，唐代的曲轅犁是繼漢代犁耕發展之後又一次新突破。

唐代以前的犁都是笨重的直轅犁，回轉困難，耕地費力。西漢出現的「二牛抬槓」式的耕犁，尤其是西漢中期又大規模地提倡和推廣牛耕，成為中國犁耕發展史上一個重要的時期。

唐代農民在長期生產實踐中創造出一種輕便的曲轅犁，犁架小，便於回轉，操作靈活，既便於深耕，也節省了畜力。

這種犁出現後逐漸得到推廣，成為最先進的耕具。中國古代的耕犁至此基本定型，這是唐代勞動人民對耕犁的重大改進。

關於曲轅犁形制，晚唐人陸龜蒙在所著《耒耜經》中作了詳細的記載：曲轅犁是由鐵質犁鑱、犁壁和木質犁底、壓鑱、策額、犁箭、犁轅、犁梢、犁評、犁建和犁盤十一個部件構成的。其中除犁鑱、犁壁外，均為木製。全長六尺。

轅犁的主要特徵是變直轅為曲轅，即犁轅的前邊大部分向下彎曲。舊式犁長度一般為九尺，前及牛肩；曲轅犁長六尺，只到牛後的犁盤處。

這樣犁架變小，重量減輕，使曲轅具有輕便的特點，因而也就節省了畜力，只用一頭牛牽引就可以了，這就改變了古老笨重的二牛抬槓的犁耕方式。

它既可以支撐犁轅，使犁平穩，又能在地上滑行，還兼有調節深淺的作用，並能控制耕地的方向。故有「耕地看插頭，耙地看牛頭」的民諺。這也是曲轅犁的優點之一。

唐代水利工程相當發達，是促進當時農業生產高度發展的重要因素之一。唐代興修水利工程以「安史之亂」為界，可分為前後兩個階段。前期是北方水利的復興階段，以開渠引灌為主。安史之亂後，南方農田水利建設呈現出迅速發展的趨勢，如江南西道在短短十多年中就興修小型農田水利工程六百處。

南方的水利工程偏重於排水和灌水，特別是東南地區盛行堤、堰、坡、塘等的修建。這些農田水利工程大多分佈在太湖流域、鄱陽湖附近和浙東三個地區，其中大部分是灌溉百頃以下的工程，但也有不少可灌溉數千頃至上萬頃。

唐代對水利工程的重視還體現在水利管理方面。此時記錄編訂了有關灌溉管理制度的文獻資料，即是出現於敦煌千佛洞的唐代寫本《敦煌水渠》。

還出現了全國性的水利法規《水部式》，對當時的水利管理有極大的指導作用，體現了當時在水利方面的綜合成就。

在唐代，由於國家長期統一，社會比較安定，北方的農業經濟有較快的恢復和發展，精耕細作的農田越來越多。不少地區在麥子收穫以後，繼種禾粟等作物，可以兩年三熟。

首先是高產作物水稻的種植面積大大增加，並廣泛採取育秧移植的栽培方法。南方的農業種植技術更有顯著進步。當時的江淮地區，已經是大面積移植秧苗。

其次是大量栽培早稻，即六七月可收割的一種早稻。育秧移植和早稻栽種，為在同一土地上複種麥子或其他作物創造了條件，使兩年三熟的耕作制逐漸在南方推廣，有的地方可一年兩熟。

唐時的茶葉產地遍及今四川、雲南、貴州、廣東、廣西、福建、浙江、江蘇、江西、安徽、湖北、湖南、陝西等地，茶葉生產已是江南農業的重要部門。

唐代馬牧業興旺發達。農業和畜牧業既相對獨立又相互依賴，二者是一個具有互補性的整體。由於馬匹在社會生活交通運輸和國防軍事中的重要地位，使唐王朝高度重視馬牧業生產，為此組織和制訂了系統完整的馬政機構和制度，建立了規模宏大的監牧基地，大力開展對外馬匹貿易，採取了鼓勵養私馬的措施和政策。

為了發展社會馬牧業，唐代政府制訂了一些鼓勵民間私人養馬的政策。唐玄宗即位後，在積極發展國家監牧養馬的同時，也重視發展私人養馬，並革除一些妨礙私人養馬的弊政，實行按資產多少，把戶分為三等，不久改為九等，按戶等交稅等辦法。

這些措施減輕了養私馬戶的經濟負擔，調動了農民養馬積極性，促進了唐代馬牧業的發展。

唐代空前繁榮的社會經濟為私人養馬業的發展提供了堅實的物質基礎。《唐六典》太僕寺記載了官馬每天的飼料數量：閒馬每匹草一圍，粟一斗，鹽六勺。監牧馬春冬季節每匹馬草一圍，粟一斗，鹽二合。如果沒有發達繁榮的社會經濟，要進行這樣精緻的飼料搭配是不可能的。

唐代貴族官僚飼養大量私馬，設置私人牧場。唐代前期實行府兵制，農民普遍要服兵役，唐代規定，府兵被征點服役，所需戎器均須自備。因此，唐代農民也普遍養私馬。

馬匹的增加是唐代馬牧業的一大景觀。唐代農田中有很大一部分是馬拉犁在耕作，耕馬的身影隨處可見。唐德宗時，僅在關輔地區一次就市馬三萬餘匹。由此可見，唐代私人養馬業是何等的興旺發達。

唐代繼隋代實行均田制，且較隋代完備。唐高祖李淵於西元六二四年頒布的均田制，規定了一般農民受田和王公官吏受田的具體事宜，進一步明確了封建土地所有制的性質。

一般農民受田規定，凡年滿十八歲以上的男女，受田一頃，其中八十畝為口分田，二十畝為永業田。老及廢疾篤疾者，各受口分田四十畝，寡妻妾各受田三十畝。

口分田一般是種植穀物的土地。農民到了有耕作能力時受田，年老體衰時還給國家一半，死後則全部還給國家，不得買賣或作其他處理。從這點來看，口分田是國家所有制性質，受田者只有使用權而無所有權。但是，自狹鄉處徙往寬鄉者，可以賣其口分田。

永業田一般不歸還國家，是有世襲權的土地，有明顯的私有性質。永業田雖然為私人所有，但這種私有權是不完整的，國家還有權變動。

王公官吏受田的名目繁多，數量也大，包括永業田、職分田和公廨田三種。

永業田是有爵位、勛位和官職的人擁有的田地。自諸王以下，至於都督或散官五品以上，按等級分授永業田，子孫世襲，皆免課役。

據《唐六典》記載：親王一百頃；正一品六十頃，從一品五十頃;正二品四十頃，從二品三十五頃;正三品二十五頃，從三品二十頃；正四品十五頃，從四品十一頃；正五品八頃，從五品五頃。

職分田即職田，官員離職時，要移交後任。

京官職田的數量是：一品十二頃，二品十頃，三品九頃，四品七頃，五品六頃，六品四頃，七品三頃又五十畝，八品兩頃又五十畝，九品兩頃。外官職田的數量是：諸州都督、都、親王府官二品十二頃，三品十頃，四品八頃，五品七頃，六品五頃，七品四頃，八品三頃，九品兩頃又五十畝等。

公廨田是用作京內外各官署外公費用而設置的。

京官各司公廨田的數量是：司農寺二十二頃，殿中省二十五頃，少府監二十二頃，太常寺各二十頃，京兆府、河南省各十七頃，太府寺十六頃，史部、戶部各十五頃，兵部、內侍省各十四頃，中書省、將作監各十三頃，刑部、大理寺各十二頃，尚書都省、門下省、太子左春坊各十一頃，工部十頃，光祿寺、太僕寺、祕書監各九頃。

外官各寺公廨田的數量是：大都督府四十頃，中都督府三十五頃，下都督護府、上州各三十頃，中州二十頃，宮總監、下州各十五頃，上縣十頃，中縣八頃，下縣六頃。

唐代實行均田制以後，隨著商業經濟的發展，大批農民在喪失了土地之後，不得不做王公、貴族、豪強、地主的佃戶。隨著土地兼併之風的加劇，使得分配給農民的土地愈來愈少，終於導致均田制解體。

閱讀連結

唐玄宗為了增加國家的收入，打擊強佔土地、隱瞞不報的豪強，發動了一場檢田括戶運動。

他任命宇文融為全國的覆田勸農使，下設十道勸農使和勸農判官，分派到各地去檢查隱瞞的土地和包庇的農戶。然後把檢查出來的土地一律沒收，同時把這些土地分給農民耕種。對於隱瞞的農戶也進行登記。

透過這些有效的措施，唐玄宗使唐朝的經濟又步入正軌，減輕了農民的負擔，同時也增加了國家的財政收入，促進了國家經濟的繁榮。

近古時期 佃農風行

從五代十國至元代是中國歷史上的近古時期。這一時期的農業特點，是以生產為中心，帶動農藝及各種農產品加工技術水準不斷提高，並不斷提高生產的效率。

這一時期農業的主流仍然是傳統的精耕細作，但各地區各民族發展不均衡，呈現出以種植為主的農區與以遊牧為主的牧區同時並存、農林牧副漁商諸業共同發展的態勢。

而各王朝旨在發展生產的土地制度，在一定程度上推動了中國近古時期農業和經濟的發展。

五代十國時的農業經濟

■梁太祖朱溫

五代十國時期處於唐宋過渡之際，這一時期社會經濟領域發生了許多變化，其中農業方面就出現了經濟作物。農業經濟是改善農村生存環境的第一要項，也是整個國家經濟的重要組成部分。

這一時期農業經濟的主要表現，就是以水稻種植為主，桑柘、茶樹等多種經營為輔的生產經營模式。

這一模式的成熟，標誌著中國農業經濟重心南移新格局的形成，以此為基礎的經濟模式逐漸顯示出新的活力。

唐朝後期至五代十國時期，中原地區的經濟因為長期的戰亂，使生產遭到極大破壞。雖然五代戰亂不堪，但仍有不少君王提振經濟。

後梁太祖朱溫稱帝後重視農業，他任張全義為河南尹，以恢復河南地區的生產。西元九〇八年又令諸州滅蝗以利農桑。後唐明宗執政期間，提倡節儉，興修水利，關心百姓疾苦，使百姓得以喘息。

後周時，後周太祖郭威為了減輕農民壓力，於西元九五二年直接將兵屯的營田賜給佃戶，以提升稅收；並且廢除後梁太祖實行的「牛租」，使農民免除牛死租存的負擔。後來實行均田制，按實際佔有田畝徵稅。

與五代相比，南方十國的經濟型農業卻能繼續發展。當時經濟中心逐漸南移，增加了那裡的勞動力，再加上華南地區被細劃分數國，各國為了提升經濟實力莫不細心經營，這使得十國的經濟力遠勝於五代。

南方十國提倡發展經濟，並且重視興修水利，防水治害。吳越、南唐獎勵農桑；閩及南漢促進海外貿易；前蜀和後蜀亦能發展農耕絲織，此均能令南方的經濟得到發展。

巴蜀地區在唐朝的時候就十分的富庶，有天府之國之譽稱。經歷戰亂後，在前蜀王建與後蜀孟知祥父子的經營下，政治相對穩定。他們又很注重興修水利，廣泛耕墾，在褒中一帶還興辦了屯田，使得農業生產比較發達。在後蜀時期，「百姓富庶」、「斗米三錢」，即米便宜到一斗三文錢。

吳與南唐、吳越所在的兩淮、江南與太湖地區在隋唐時期十分繁榮，是唐代的糧食重鎮。歷經龐勛之變與黃巢起義後也逐漸恢復，當地朝廷支持大規模開墾荒地，並且修築水道。

吳和南唐在丹陽疏濬練湖，在句容疏濬絳岩湖，在楚州築白水塘，在壽州築安豐塘，少者溉田數千頃，多者溉田萬頃以上。

吳越境內錢塘江一帶，遭受海潮侵襲，成千上萬畝農田被淹。吳越國王錢鏐組織人力修造海塘，使錢塘江附近成為富庶的農業區，人們感激他，編織出了「錢鏐射潮」的神話，反映了人與自然爭鬥的英勇氣概。

南唐和吳越的農民還修建了一種圩田，即圍田。旱則開閘引水灌田，澇則關閘拒水，把低窪的澇地變成良好的耕田。

福建地區在唐代後期經濟力不強，王潮、王審知兄弟領有閩國後，他們勸民農桑，在連江縣車湖周圍築堤，可溉田四萬餘頃。

湖廣之地，在東晉南朝以來也十分興盛。馬殷據湖南建楚國後，不斷提升湘中、湘西的糧食產量。在周行逢據有湖南時，人民盡務稼穡，四五年間，倉廩充實。這些都使得長江中下游一帶成為著名的餘糧區，到宋朝更有「蘇常熟、天下足」的說法。

南方除了糧食作物興盛之外，在桑柘、茶樹等經濟作物也十分興盛，且進入專業化的地步。當時種植面積最廣泛的就是茶樹，除了種於山區之外，也有建立於平地丘陵制之上。

在南方十國，茶樹等經濟作物出現了生產規模擴大、新品種增多、生產技術改進、專業化程度逐漸提高的發展趨勢。

在南唐統轄地區，楚州山陽縣出茶陂，舒州出土產開火茶，廬州出土產開火新茶，和州、蘄州、安州、信陽軍、鄂州、興國軍、廣德軍、歙州、池州、筠州、饒州、吉州、撫州出土產茶。茶樹的種植，普及全境。

在吳越統轄地區，常州出土產茶，宜興出紫筍茶，顧渚在唐代就是著名的茶產地，越州餘姚縣瀑布嶺出仙茗。在七閩統轄地區，福州、建州、漳州、汀州出土產茶。在湖南楚國統轄地區，潭州、邵州、衡州、思州出土產茶，播州出土產生黃茶。當時湖南的茶利，非常可觀。在南平國所轄地區，荊州松滋縣出碧澗茶，峽州出土產茶，歸州出土產白茶。

在前蜀、後蜀的統轄地區，植茶更是普遍。彭州、眉州、邛州、蜀州、雅州、渝州、瀘州、巴州出土產茶。

茶樹類經濟作物在南方的普遍種植，不僅表明農業的發展，而且也為工商業的發展提供了有利條件。南方的製茶、絲織等行業都有了新的發展，蜀繡、吳綾、越錦等絲織品馳名全國。

南唐製茶業最為發達。南唐國家農桑之盛，前所未有，農業發展的深度與廣度，南北無出其右者。當時的揚州蜀崗茶，常州紫筍茶聞名於世。

由於茶葉生產的發展，製茶業在南唐興盛起來。南唐僅官府就有茶葉坊三十八處之多，專門生產高級茶品，供皇家和貴族使用。民間製茶作坊更多，境內私茶作坊有一千多處。

農業經濟作物的廣泛種植和製茶業的發展，必然會極大地促進農業經濟商品化的進程。通商貿易、互通有無是大勢所趨。

華北需要的茶葉經常透過商人南來販運，南方茶商的行蹤也遠至河南、河北，他們販賣茶葉，買回絲織品、戰馬等。江南人所需的一部分食鹽也依賴華北供應。

北方諸國從契丹、回鶻、党項買馬，蜀向西邊各少數族買馬。南方的吳越、南唐、楚、南漢等國以進貢方式和北方進行貿易。吳越、閩國與北方的貿易主要是透過海路等。

南方十國的對外貿易也很興旺，中國的茶葉、絲織品等遠銷海外，東自高麗、日本，西至大食，南及占城、三佛齊，都有商業往來。明州、福州、泉州、廣州都是外貿重要港口。

五代十國時期，富有特色的農業經濟，為兩宋時期農業經濟作物的快速發展奠定了基礎。

閱讀連結

柴榮是郭威的繼承者，堅持郭威的改革。郭威是中國歷史上第一個黥面的天子。黥面就是因為犯罪而被在臉上刻字。

他當政時積極改革。其繼位者柴榮是茶商出身，善於計算，懂得經濟，繼續堅持改革。為了恢復生產，柴榮首先奉行節約政策，自己率先垂範，以身作則。

他把宮內金銀珠寶玉器以及飲食之具等，悉數當眾砸碎，下詔凡過去進貢之宮中衣服、用具、酒，海味、麝香、羚羊角、熊膽、獺肝等百餘種，禁止再貢。

宋代農業經濟與土地制度

■宋太祖趙匡胤

宋朝的建立，結束了長期的戰亂，百姓休養生息，人口增長很快，兩宋時期的農業經濟取得了較快的發展。

宋代擴大了耕種的土地，創製了不少高效農具，還大力發展栽培技術，這些都促進了農業的發展，並由此帶動了林業、牧業、漁業及農村副業的發展。

這一時期的土地制度是授田和限田，旨在遏制大地主籍沒和購買大量土地。

宋代農業的發展趨勢超過了以往。宋代注重對農業土地的合理使用。王安石變法推行農田水利法，實行淤田法，在黃河中下游推行淤灌，頗有成就，規模空前，放淤的範圍遍及陝、晉、豫、冀。

《宋會要輯稿》記載了當時開封境內淤灌後，每年增產幾百萬石。由此可見，宋代淤灌的效果相當顯著。

宋代由於人口增加很快，平曠的土地不夠用，除了用淤田法擴田外，還開墾山、澤地進行耕種。土地利用範圍擴大，主要表現有與山爭地的梯田和與水爭地的圩田和圍田。

梯田是經人工蹬削而成，採用等高線法進行耕種，將作物在沿山橫向的等高線種植一二條，苗出以後就可耘鋤。後來發展到多條等高線種植，造成山坡層疊的梯田，既方便鋤草，又便於蓄水。宋代梯田分佈很廣，在川、粵、贛、浙、閩等地都有。

圩田是在低窪多水的地區築堤，防止外圍的水浸入的稻田，在宋代發展很迅速，是當時人們與水爭田的主要方式。有圍田、沙田、塗田等多種形式。

圍田就是築土作堤，捍禦外水侵入，並設置圩岸溝河閘門，平時可以蓄水，澇時開閘排出圩內的水，旱時開閘引入外面的水灌溉。這樣就能做到排灌兩便，旱澇保收。

沙田則是利用長在河畔出沒無常的沙淤地來工作。塗田是海邊潮水泛濫淤積泥沙生長鹼草，由於年深日久形成大小不一的地塊。

宋代新農具大量湧現，農具應用專門化，不同作物使用不同的農具，如割蕎麥用推鐮，割麥用麥綽、麥釤，割水稻用鈸等。

而且從利用人畜力為動力發展到利用水力，由水磨、水碾、水錐進而發展到翻車式龍骨車、筒車等，利用水力運轉以輸水灌田。這對中國一年二熟農作制的改革有極大的推動作用。

南宋時翻車式龍骨車及筒車在江南一帶應用很普遍。翻車式龍骨車就是翻車，又稱踏車，是由連串的活節木裝入木槽中，上面附以橫軸，利用人力踏轉或利用牛力旋轉，也有利用水力旋轉者，活節木板連環旋轉，溝溪河川的水隨木板導入田中。它起水快，搬運方便。隨地可用，深受南宋農民重視。

北宋時人應用水磨、水碾，利用水力運轉的原理，創造了自轉水輪的簡單裝置，吸水、運水、覆水都用一輪。到南宋時為提高其載水量，用若干竹筒繫在輪上，增加輸灌水量，這時才有筒車的名稱。元代進一步發展為上輪、下輪，可適用於田高岸深或田在山上的情況。

筒車，在岸上立一轉輪為上輪，在河中立一轉輪為下輪，兩輪間用筒索連起來，筒索裝許多竹筒或木筒，水流激動轉輪，輪上的筒就依次載水注入岸上的田裡。覆水後空筒復下依次載水而上，循環不止。

宋代農具在改進中，為提高效率，根據不同的作物創造出許多新的類型，以滿足農業生產的需要。整地農具有踏犁、鍘刀和耥。

《宋會要輯稿》中說它可代牛耕之功半，比钁耕之功則倍。宋代因缺少牛，曾多次推廣過踏犁。

鐁刀又稱裂刀，宋代用它開荒。其形如短鐮，刀背特厚，一般裝在小犁上，在犁前割去蘆葦、荊棘，再行墾耕；或將它裝在犁轅的頭上向裡的一邊，先割蘆葦，再行墾耕。

此外還有耥、秧馬、耬斗、耬鋤、推鐮等。耥是金代為適應東北壟作特點而創製的，能分土起壟和中耕。

秧馬是用來拔秧的農具，可以減輕勞動強度。蘇軾曾在《秧馬歌》及序中記敘人騎在小船似的秧馬上，兩腳在泥中撐行滑動的情景。

耬斗是施肥工具，耬斗後置篩過的細糞和拌蠶沙，用耬播種時隨種而下覆於種上，同時還有施肥的功效。

耬鋤是北方沿海地區出現的畜力中耕器，形如木屐，長一尺餘，寬三吋，下列推列鐵釘二十多枚，背上裝一長竹柄，可用手持著在稻苗行間來往鬆土、除草。

推鐮用來收割蕎麥，是當時的新創，推鐮是在頂端分叉的長柄上裝上兩尺長橫木，兩端又裝一小輪，兩輪間裝一具半月形向前的利鐮，橫木左右各裝一根斜向的蛾眉杖，可以聚割下的麥子，用大力推行，割下的麥子倒地成行，功效較高。

宋代在土壤肥料理論和技術方面有著重大的突破。以陳旉為代表的農學家提出了地力常新論，擴大了肥源，改進了積肥方式，出現了保肥設備，提高施肥技術。

兩宋時期旱地耕種技術的提高主要表現在犁深、耙細、提出秋耕為主，以及套翻法的創始等方面。淺耕滅茬和細緻耕耙，可以保墒防旱，提高耕作的質量；隨耕隨耢，就能減少耕種過程和土壤水分損耗；反覆耙耮，能使土壤表層形成一個疏鬆的覆被層，減少水分的氣態擴散；強調秋耕為主，有利於大量接納秋雨，蓄水保墒等。

由於兩宋時經濟重點轉向南方，南方水田地區施行一年二熟栽培，不但能雜植北方的粟、麥、黍、豆，而且引入新作物的產品的製造技術，並發展了南方原產作物的栽培技術。

當時南方經濟作物發展極為迅速，茶、蔗、棉栽培擴大。茶、蔗、棉都實行直播，而茶多種在丘陵地、傾斜地，不做畦，採用穴播叢植法。蔗、棉要做畦，不需移栽。

當時國內外大量需求蠶絲製品，絲出於蠶，蠶依於桑，而桑的生苗生產需三年，這就出現了營養繁殖快速成苗的方法。以前的壓條法得到更進一步的充實，並創造了插條法、埋條法。

壓條法就是將植物枝條壓入土中，使土中的部分產生不定根，然後將它從母株切斷獨立成株，優點在於切斷前，壓條能接受母株營養，易於成活。

插條法則是將植物斫下的枝條插入土中，使它入土的部分不定根自行生長。

埋條法是將樹的幹或其萌條留其樹身或條身有芽的埋入預置的坑內，一方面使其根系發育，另一方面使其身不出土，但周圍的芽成長成條。

南宋時盛行桑的嫁接，技術水準已相當高。另外，湖桑是南宋時由魯桑南移到杭嘉湖地區，透過人工和自然選擇，高產優質。它的出現是蠶桑業的一件大事。

宋代的蔬菜、花卉、果樹也已成為農業的重要行業，不僅表現在種類增加和優良品種不斷大量湧現，栽培技術也有很大發展。

宋代蔬菜種類增加不少。據《夢粱錄》記載，南京杭州就有蔬菜三十多種，絲瓜最早記載於宋《老學庵筆記》，菠菜在宋已發展為主要蔬菜之一，而南宋時白菜品種多，品質好。

蔬菜的栽培技術也有不少發展。最早見於宋元間《務本新書》，其中談到茄子開花，削去枝葉，再長晚茄，就是用整枝打葉來控制生長發育，可使之分批結果而增產。

花卉的發展也是空前的，北宋首都汴梁、南宋首都臨安都有花市，洛陽和成都的牡丹、揚州的芍藥都是當時的名產。

果樹的佳種在宋代大量出現，據宋韓彥直《橘錄》記載，僅溫州一地就有橘十四種，柑八種，橙五種，並對它們一一作了詳細的性狀描述。

宋蔡襄的《荔枝譜》中記載福州荔枝有三十二個品種。《夢粱錄》記載了當時杭州的柿子就有方頂、牛心等十多個良種。這說明宋代果樹已出現大量良種。

果樹的栽培技術有嫁接、脫果、除立根、套袋等。脫果法是一種無性繁殖方法。據宋溫革《分門瑣碎錄》介紹，農曆八月用牛糞拌土包在結果枝條像宏膝狀的彎轉處，狀如大碗，用紙袋包裹，麻皮繞紮，任其結實。到第二年秋開倉檢視，如已生根就截下再埋土中使其持長。這在當時是重大創造。

兩宋時期，由於江南經濟的發展，人口增殖，在木材、役畜、淡水養魚、農產加工等方面的需求進一步增加，促進了林、牧、漁等副業技術的改進和提高。

南宋的林業生產、造林技術在很大程度上是借鑑了農業的許多生產技術創造出來的，造林、樹木移栽的方向、時期和方法，苗圃育苗及嫁接法等。

在中國古代，耕牛一直作為主要的動力。因此耕牛飼養的好壞，直接關係到農田的開墾數量和耕種及產量的增加。如果耕牛病弱或死亡，將極大地影響農業生產。因此，宋代從耕牛的衛生、飼養、使用、保健、醫療幾方面進行改進，取得了很好的效果。

宋時浙東多鑿池塘養魚，投放的魚苗不到三年就能長到尺餘長。宋代還發展了多種魚混養的技術。周密在《癸亥雜識》中就曾記敘，浙江漁民春季從江州魚苗販子處買來魚苗，放入池中飼養。

按池塘的大小環境，放入一定數目的青、草、鰱、鱅魚苗進行混合飼養，綜合利用天然水體中的天然食料，並按魚苗的生長期分期予以不同種類的餌料，至第二年養成商品魚出售。當時人們對草魚食草、青魚食螺已有認識。

兩宋時期農村的副業生產主要有養蠶、豬、牛、羊、養蜂等。在農產原料加工方面的，如做豆豉、做酒、做醋等，還有就是紡織原料加工，有繅絲、剝麻、紡織原棉等。

宋代的航海業、造船業成績突出，海外貿易發達，和南太平洋、中東、非洲、歐洲等地區五十多個國家通商。

在土地制度方面，宋代以國家「授田」為主要形式。這是古代專制社會中生產關係的一次調整。

北宋統一全國後，鑒於當時有很多土地棄耕撂荒，急望人們墾田務農，以求增加國家財政收入，宋太宗根據太常博士陳靖的建議，實行「授田」。

據《宋史·食貨志》記載：

田制為三品：以膏腴而無水旱之患者為上品；雖沃壤而有水旱之患者，确瘠而無水旱之患者為中品；既确瘠而又水旱者為下品。

上田，人授百畝；中田，百五十畝；下田，二百畝。五年後收其租，亦只計百畝，十收其三。一家有三丁者，請加授田如丁數。

五丁者從三丁之制，七丁者給五丁，十本者給七丁，至十十、三十丁者，以十本為限，若寬鄉田多，即委農官裁度以賦之。

這就是宋太宗時期頒布的「計丁授田」政策。

由於兩宋的大地主多係皇族、貴戚、達官、顯貴、富商、巨賈、地主、豪強，他們在政治上和經濟上具有優越地位，他們獲取土地的方式有官府的賞賜和贈與、巧取豪奪和購買兼併。

為了限制土地兼併，宋仁宗時曾下詔「限田」：公卿以下不得過三十頃，衙前將吏應服役者，不得過十五頃，而且限於一州之內，否則，以違律論。

宋代時期的農業，有幾個主要特點。一是高效。這一時期出現了一些功效較高的農具，如中耕用的耘蕩和耬鋤，收割用的推鐮和麥釤、麥綽、麥籠，灌溉用的翻車和筒車等，這些工具中，不少應用了輪軸或齒輪作為傳動裝置，達到了相當高的水準。

二是省力。這是指減輕勞動強度或起勞動保護作用的農具，如稻田中耕所用的耘蕩、秧馬、耘爪等。

三是專用。這就是分工更為精細，更為專門化。以犁鏵而論，有鑱與鏵之分，「鑱狹而厚、唯可正用，鏵闊而薄，翻覆可使」，故「開墾生地宜用鑱，翻轉熟地宜用鏵」，「蓋鑱開生地著力易，鏵耕熟地見功多。北方多用鏵，南方皆多用鑱」。王禎《農書》把鑱與鏵的特點、適用範圍說得很清楚。

四是完善。如在犁轅與犁盤間使用了掛鉤，使唐代已出現的曲轅犁進一步完善化。又如在耬車的耬斗後加上盛細糞或蠶沙的裝置，可使播種與施肥同時完成，即所謂下糞耬種。

五是配套。北方旱作農具，魏晉南北朝時期已基本配套，此時進一步完善。南方水田耕作農具，唐代已有犁、耙、碌碡和礰礋，宋代又加入了耖、鐵搭、平板、田蕩等，就形成了完整的系列。此外，還有用於育秧移栽的秧繩、秧彈、秧馬，用於水田中的耘蕩，拐子，用於排灌的翻車、筒車、戽斗等，南方水田農具至此亦已完整配套。中國傳統農具發展至此，已臻於成熟階段。

在傳統農具日益完備的同時，人們還在動力上作文章，以應付各種自然災害帶來的不測。自春秋戰國時期發明「牛耕」以來，牛就成了農民的寶貝，同時也與上層統治者有著密切的關係。於是，人們在積極保護耕牛的同時，同時又積極研製一些在缺乏耕牛的情況下仍然能夠進行耕作的農具，如唐代王方翼發明的「人耕之法」，宋代推廣的踏犁和唐宋以後開始流行的鐵搭等。

閱讀連結

宋代農業生產很注意施肥和積肥。農民在長期生產實踐中認識到，土壤的性質不同，應施用不同的糞肥。

在人多地小的地方，土壤肥沃而產量高的原因就是靠積肥、施肥和灌溉。所謂「用糞如用藥」。

為此，宋代農民對積肥非常重視，並且開始注意保存肥效。為了積肥，當時京師杭州有專門載垃圾的船隻，農民將垃圾成船搬運而去做肥料，甚至還有經營糞業者，專門收集各戶糞便，並各有範圍而互不侵奪。

遼西夏金農業經濟成果

■耶律阿保機刻像

在宋朝存在的前後，中國北方還出現過契丹族建立的遼、党項族建立的西夏和女真族建立的金三個少數民族政權。遼西夏金時期，封建經濟繼續發展。

作為少數民族建立的政權，遼、西夏和金在各自民族習俗的基礎上，汲取中原傳統農業的經驗，在農業、畜牧業、手工業及商業貿易方面都取得了不錯的成就，並體現出鮮明的民族特色。

遼、西夏和金頒布的農業政策在中國古代農業發展史上也具有重要地位。

遼是中國五代十國和宋朝時期以契丹族為主體建立的封建王朝。遼原名契丹，後改稱為「遼」。西元九〇七年，遼太祖耶律阿保機統一契丹各部稱汗，國號「契丹」。西元九三六年南下中原，攻滅五代後晉後改國號為「大遼」。

契丹族本是遊牧民族，在建立遼之後，在遊牧地區內營造綠洲，再將農耕民族移居其中，使農牧業、手工業、商業等共同發展繁榮，各得其所，並建立了獨特的、比較完整的管理體制。

遼境內農作物品種齊全，既有粟、麥、稻、穄等糧食作物，也有蔬菜瓜果。他們借鑑和學習中原的農業技術，引進作物品種，還從回鶻引進了西瓜、回鶻豆等瓜果品種，結合北方氣候特點形成了一套獨特的作物栽培技術。

官府為了鼓勵人民開闢荒地，號召若成功開闢農地，農牧混合，可免租賦十年，遇到兵荒、歲饑之年，也要減、免賦稅。

遼的畜牧業十分發達，契丹人的牧業經濟得到了較大發展。當時陰山以北至臚朐河，土河、潢水至撻魯河、額爾古納河流域，歷來有優良的牧場。

羊、馬是契丹等遊牧民的主要生活資料：乳肉是食品，皮毛為衣被，馬、駱駝則是重要的交通工具。戰爭和射獵活動中馬匹又是不可缺少的裝備。

羊、馬也是遼向契丹諸部和西北、東北屬國、屬部徵收的賦稅和貢品，是遼的重要經濟來源，因而受到統治集團的重視。

遊牧的契丹人，編入相應的部落和石烈，在部落首領的管理下，在部落的分地上從事牧業生產，承擔著部落和國家的賦役負擔，沒有朝廷和部落首領的允許，不能隨意脫離本部。他們是牧區的勞動者、牧業生產的主要承擔者，是部落貴族的屬民。

遼代的冶鐵業發達，發掘出土鐵製的農業工具、炊具、馬具、手工工具可與中原的產品相媲美。遼東是遼產鐵要地，促進遼冶鐵業的發展。

遼瓷在中國陶瓷的發展史上佔有重要地位，瓷器的造型可分為中原式和契丹式兩類，中原式仿造中原的風格燒造，有碗、盤、杯、碟、盂、盒、壺、瓶等，契丹式則仿造契丹族習慣使用的皮製、木製等容器樣式燒造，瓶、壺、盤、碟等造型獨具一格，很有特色。

隨著農、牧、手工業的發展，交換逐漸頻繁，商業活動也日益活躍。遼與周邊各政權、各民族、國家的經濟往來多以朝貢和互市的方式進行。

遼的土地分為公田和私田兩類。在沿邊設置的屯田自然是公田。募民耕種的在官閒田也是公田，百姓領種十年以後，要對朝廷繳納租賦。

至於所說的「占田置業入稅」則是私田了。屯田多集中在北部沿邊，私田則多在遼南境。

西夏是中國歷史上党項人在中國西部建立的一個政權。早在唐代，党項族的首領拓跋思恭佔據夏州，封定難節度使、夏國公，世代割據相襲。

西元一〇三八年，李元昊建國時便以夏為國號，稱「大夏」。又因其在西方，宋人稱之為「西夏」。

党項族是遊牧民族，其農業較畜牧業發展晚，農牧並重是西夏社會經濟的特色。這一區域的河套與河西走廊地區如靈州、興慶、涼州和瓜州等地五穀豐饒，稻麥最豐。

西夏主要的農產品有大麥、稻、蓽豆和青稞等物，當發生戰亂或天災時只能以大麥、蓽豆、青麻子等物充饑，並且等待外面運來的糧食。

藥材中比較有名的有大黃、枸杞與甘草，皆是商人極力採購的重點商品之一。其他還有麝臍、羱羚角、柴胡、蓯蓉、紅花和蜜蠟等。

党項族向漢族學習比較先進的耕種技術，已普遍使用鐵製農具和耕牛。西夏領地以沙漠居多，水源得來不易，所以十分重視水利設施。

西夏古渠主要分佈在興州和靈州，其中以興州的漢源渠和唐徠渠最有名。李元昊興修從今青銅峽至平羅的灌渠，世稱「昊王渠」或「李王渠」。

在甘州、涼州一帶，則利用祁連山雪水，疏濬河渠，引水灌田。在這些水源中，又以甘州境內的黑水最為著名。橫山地區則以無定河、白馬川等為水源。

夏仁宗時期修訂的法典《天盛改舊新定律令》中，鼓勵人民開墾荒地，並規定水利灌溉事宜。

西夏的畜牧業十分發達，官府還設立群牧司以專屬管理。牧區分佈在橫山以北和河西走廊地區，重要的牧區有夏州、綏州、銀州、鹽州與宥州諸州，還有鄂爾多斯高原、阿拉善和額濟納草原及河西走廊草原，都是興盛的牧區。

畜類主要以牛、羊、馬和駱駝為大宗，其他還有驢、騾、豬等。馬匹可做軍事與生產用途，並且是對外的重點商品與貢品，以「党項馬」最有名。駱駝主要產於阿拉善和額濟納地區，是高原和沙漠地區的重要運輸工具。

在西夏辭書《文海》中對牲畜的研究十分細緻，有關餵養、疾病、生產與品種的區分都有詳細的說明，表現出西夏人對畜牧的經驗十分豐富。

除畜牧業外，狩獵業也十分興盛，主要有兔鶻、沙狐皮、犬、馬等，其規模不小。狩獵業在西夏中後期時仍然興盛，受西夏大臣所重視，西夏軍隊也時常以狩獵為軍事訓練或演習。

西夏手工業分官營、民營兩種，主要以官營為主。其生產目的主要是供西夏貴族使用，其次則是生產外銷。手工業以紡織、冶煉、金銀、木器製作、採鹽、釀造、陶瓷、建築、磚瓦等為主，兵器製造也較為發達。

西夏與宋、金間的貿易，貿易方式包括：在雙方邊境設立榷場，進行大宗貨物交易；宋朝利用開閉榷場貿易，對夏方進行牽制，以期達到安邊綏遠的政治效果；和市在沿邊開設小規模榷場；透過貢使進行貿易等。西夏從宋、金取得的商品主要為繒、帛、羅、綺、香藥、瓷器、漆器、薑、桂等。

西夏的土地佔有制，大體上是國有或皇室所有、貴族和官僚所有、寺院所有和農牧民小土地所有幾種形式。

皇帝代表國家除直接掌握規模龐大的「御莊」和其他廣大的閒田曠土，具有國有性質。河渠、水利也主要掌握在國家手中。

党項貴族首領都佔有大量土地，一部分來源於原部族所有的土地，一部分是皇帝的賜予。貴族官僚們也多乘勢豪奪。一些漢人士子、吐蕃首領與回鶻上層人物被西夏授予官職，也因此獲得一定份額的土地。越到後來，官僚佔地的數量就越大。

西夏崇佛，境內寺廟林立。上層僧侶在政治、經濟、文化上都起著特殊的作用，成為統治者有力的助手。寺廟從夏廷得到豐厚的布施，擁有大量土地，並開設質房，發放高利貸。

西夏存在有個體小衣牧民以至中小的庶民地主或牧主。夏仁宗時修訂的《天盛年改定新律》規定：生荒地歸開墾者所有，其本人和族人可永遠佔有，並有權出賣。這證明農牧民的小土地所有制是得到法律承認的。

金是中國歷史上少數民族女真族建立的統治中國東北和華北地區的封建王朝。金太祖完顏阿骨打在統一女真諸部後，西元一一一五年於會寧府，即黑龍江省阿城建都立國，國號大金。

金把發展農業作為軍事擴張的基礎，視其隆興之地東北地區為糧倉，將中原地區的生產工具和耕作技術逐漸傳播到落後的東北地區。由於鐵製農業生產工具的廣泛使用，促進農業生產的發展，農作物品種也日益增多。

金初，不種穀麥，只種稷子春糧。以後農作物品種日益增多，農作物有小麥、粟、黍、稗、麻、菽類等；蔬菜類有蔥、蒜、韭、葵、芥、瓜等。官府又鼓勵墾荒，規定開墾荒地或黃河灘地可以減免租稅，所以開墾農田面積有所增加。

由於女真族屬於東北民族，其畜牧業也十分發達。完顏亮時原有九個群牧所。在南征時，徵調戰馬達五十六萬匹，然而因戰事大半損失，到金世宗初年僅剩下四個群牧所。金世宗開始復甦畜牧業，當時在撫州、臨潢府、泰州等地設立七個群牧所。

從西元一一六八年起，金世宗下令保護馬、牛，禁止宰殺，禁止商賈和舟車使用馬匹。又規定了對群牧官、群牧人等，按牲畜滋息損耗給予了賞罰。經常派出官員核實牲畜數字，發現短缺就處分官吏，由放牧人賠償。

對一般民戶飼養的牲畜，登記數額，按貧富造簿籍，有戰事，就按籍徵調，避免徵調時出現貧富不均的現象。對各部族的羊和馬，規定制度，禁止官府隨意強取。

金的手工業生產如鑄造、陶瓷等，歷經戰亂與復甦都有發展。鐵製工具已廣泛使用。在東北廣大地區內，都發現了金的鐵器。其中有大量鐵製農具，種類繁多，結構複雜，形制與中原地區相似或一致，這表明已改變了粗放的農業經營方式。

陶瓷業因為有遼宋的基礎也比較發達。金熙宗時，原來的北方名窯，如陝西耀州窯、河南均窯、河北定州窯與磁州窯也陸續恢復生產，臨汝等新興窯址，工藝各具特色。金銀業和玉器業也相當發達，有許多珍貴的文物出土。

由於生產經濟的恢復和發展，促使商業日益繁盛。會寧府、金中都、開封府與濟南府都是當時較大的商業中心。

金中都在完顏亮時成為國都後，水陸交通發達，人口迅速增加，已經是一座貿易發達的商業重鎮，其中城北三市是商業的中心。

金朝的土地制度給予女真族很大的優惠，這是漢族、契丹族與渤海族所沒有的。女真族的土地制度是一種稱為「牛具稅地」的制度，繼承氏族制度的遺風。

佔地多少是以耒牛、人口為依據的，擁有眾多人口和耒牛的女真貴族自然就可以廣占田土。到金世宗大定年間，人、牛、地比例不符的情形已很普遍。

金熙宗時期開始實行的「計口授田」的制度。官府對內遷的屯田軍戶，都按照戶口給以官田，即所謂「計口授田」。

屯田軍戶分得土地以後，大多租給漢族耕種。由於無人願意耕種，土地逐漸荒廢，金世宗時再派官吏到各地去「拘刷良田」，兼併土地為官田。

閱讀連結

金世宗即位時，金的農業生產有所恢復，但由於攻宋戰爭，造成倉廩久匱的狀況。為儘快發展金國經濟，金世宗減輕兵役、徭役和賦稅負擔。

當時的宰相宗尹建議罷去雜稅，金世宗立即同意。他還實行了「通檢推排」措施。

當時由於賦役不均現象普遍存在，金世宗四次派遣泰寧軍節度使張弘信等二十四人「分路通檢諸路物力」，以定賦役，有效效地抑止了富戶逃避賦稅的現象，增加了財政收入。金世宗也因此被史家稱為「小堯舜」。

元代農業經濟的全面發展

■元世祖忽必烈

蒙古族首領忽必烈於西元一二七一年建立元朝，定都於大都。元代推行了許多重視農業的措施，推動了農業經濟的全面發展。

元代農業的發展，表現在生產工具的改進、生產技術的提高和農產品產量的增加等方面。此外，手工業、商業和交通運輸業也有相應的發展。

元代的土地制度，根據當時政府法令的規定，主要為官田、民田和屯田三種。屯田的設置和當時的軍事、財政密切相結合，也和當時的移民政策或民族政策有密切的聯繫。

元世祖忽必烈即位後，設立管理農業的機構司農司，指導、督促各地的農業生產，推廣先進生產技術，保護勞動力和耕地，興修水利等，使元代前期農業生產得以恢復和發展。

元政府加強了農業技術的總結和普及工作，管理農業的機構司農司編輯的《農桑輯要》，是中國古代政府編行最早的、指導全國農業生產的綜合性農書。

魯明善的《農桑衣食撮要》是中國月令體農書中最古的一部，王禎的《農書》是中國第一部對全國農業進行系統研究的農書。

宋真宗時推行的占城稻在元代時已經推廣到全國各地。農業生產繼續發展，西元一三二九年，南糧北運多達三百五十多萬石，這說明糧食生產的豐富。

元代前期，經濟作物也有較大發展，茶葉、棉花與甘蔗是重要的經濟作物。江南地區早在南宋時已盛產棉花，北方陝甘一帶又從西域傳來了新的棉種。

西元一二八九年，元政府設置了浙東、江東、江西、湖廣、福建等省木棉提舉司，年徵木棉布十萬匹。西元一二九六年復定江南夏稅折徵木棉等物，反映出棉花種植的普遍及棉紡織業的發達。

元代水利設施以華中、華南地區比較發達。元初曾設立了都水監和河渠司，專掌水利，逐步修復了前代的水利工程。

陝西三白渠工程到元代後期仍可溉田七萬餘頃。所修復的浙江海塘，也對保護農業生產也起了較大作用。

元代農業技術繼承宋朝，南方人民曾採用了圩田、櫃田、架田、塗田、沙田、梯田等擴大耕地的種植方法，對於生產工具又有改進。

元代的農具，在王禎的《農書》中有不少詳細的敘述。比如翻土農具鐙鋤、浙碓、耘杷、跖鏵，水田中除草鬆泥的農具耘蕩，除草和鬆土用的耘爪，插秧和拔秧的工具秧馬，收麥工具麥釤刀、麥綽、麥籠等。

元代的畜牧政策以開闢牧場，擴大牲畜的牧養繁殖為主，尤其是繁殖生息馬群。元代完善了養馬的管理，設立太僕寺、尚乘寺、群牧都轉運司和買馬制度等制度。

元朝在全國設立了十四個官馬道，所有水草豐美的地方都用來牧放馬群，自上都、大都以及折連怯呆兒，周圍萬里，無非牧地。

元代牧場廣闊，西抵流沙，北際沙漠，東及遼海，凡屬地氣高寒，水甘草美，無非牧養之地。當時，大漠南北和西南地區的優良牧場，廬帳而居，隨水草畜牧。江南和遼東諸處亦散滿了牧場。

內地各郡縣亦有牧場。除作為官田者以外，這些牧場的部分地段往往由奪取民田而得。

牧場分為官牧場與私人牧場。官牧場是十二世紀形成的大畜群所有制的高度發展形態，也是蒙古大汗和各級貴族的財產。

大汗和貴族們透過戰爭掠奪，對所屬牧民徵收貢賦，收買和沒收所謂無主牲畜等方式進行大規模的畜牧業生產。

元代諸王分地都有王府的私有牧場。元世祖時，東平布衣趙天麟在《太平金鏡策》說：

今王公大人之家，或佔民田近於千頃，不耕不稼，謂之草場，專放孳畜。

可見，當時蒙古貴族的私人牧場所佔面積之大。

嶺北行省作為元代皇室的祖宗根本之地，為了維護諸王、貴族的利益和保持國族的強盛，元政府對這個地區給予了特別的關注。

畜牧業是嶺北行省的主要經濟生產部門，遇有自然災害發生，元代就從中原調撥大量糧食、布帛進行賑濟，或賜銀、鈔，或購買羊馬分給災民；其災民，也常由元廷發給資糧，遣送回居本部。

元代手工業生產也有些進步，絲織業的發展以南方為主，長江下游的絹，在產量上居於首位，超過了黃河流域。

元代的加金絲織物稱為「納石矢」金錦，當時的織金錦包括兩大類：一類是用片金法織成的，用這種方法織成的金錦，金光奪目。另一類是用圓金法織成的，牢固耐用，但其金光色彩比較黯淡。

棉紡織業到宋末元初起了變化，棉花由西北和東南兩路迅速傳入長江中下游平原和關中平原。加上元代在五個省區設置了木棉提舉司，每歲可生產木棉十萬匹，可見長江流域的棉布產量已相當可觀。

在棉紡織技術方面，由於當時工具簡陋，技術低下，成品尚比較粗糙。西元一二九五年前後，婦女黃道婆把海南島黎族的紡織技術帶到松江府的烏泥涇，提升了紡織技術，被尊稱為「黃娘娘」。

元代的瓷器在宋代的基礎上又有進步，著名的青花瓷就是元代的新產品。青花瓷器，造型優美，色彩清新，有很高的藝術價值。

元代透過專賣政策控制鹽、酒、茶、農具、竹木等一切日用必需品的貿易，但元代幅員廣闊，交通發達，所以往往鼓勵對外貿易政策，因而對外貿易頗為繁盛。

元代土地，大致可分為屯田、官田、寺觀田和民田四大類。屯田和官田都是國有土地，統稱「系官田」；寺觀田和民田為私有土地。「系官田」的顯著增多是元代土地制度上的一個重要特色。

屯田，實際上就是由封建政府直接組織農業生產，元代屯田十分發達，其規模之大，組織之密，超過了以前任何一個朝代。

屯田的方式，主要有軍屯和民屯兩種。軍屯是元代最重要的屯田方式，其類型有二，一是鎮戍邊疆和內地的軍隊屯種自給，二是設置專業的屯田軍從事屯種。

這是元代軍屯不同於以往歷代軍屯的顯著特點。屯田軍戶，主要來源於漢軍和新附軍，他們專事屯種以供軍食，一般情況下不任征戍。在元代統一之前，專業的屯田軍便已出現。

民屯是組織民戶進行屯種，其組織形式帶有濃厚軍事性質。從事民屯的人戶另立戶籍，稱「屯田戶」。內地屯田戶，或來源於強制簽充，或來源於招募。

邊疆屯田戶，則主要透過遷徙內地無田農民而來。屯田戶的生產資料，如土地、牛種、農具等，或由政府供給，或自備。民屯的分佈範圍也很廣泛，規模亦大。

元代屯田的管理，分屬樞密院和中書省兩大系統。軍屯總隸樞密院，分隸各衛、萬戶府和宣慰司，各衛和萬戶府之下設立專門的屯田千戶所和百戶所以管屯種。

民屯總隸中書省，分隸司農司、宣徽院及各行省，具體管理由所在地的路、府、州、縣，或由專門設立的屯田總管府、屯田署等。

元代大規模實行屯田，促進了荒地的墾闢，擴大了可耕地面積，對邊疆地區農業生產的發展尤為有利。

元代官田，是指屯田以外所有的國有土地。元代官田的數量頗為龐大，超過了前代。官田種類不一，主要有一般官田、賜田、職田和學田四大類。

一般官田，即封建國家直接佔有的官田。元代的一般官田主要分佈在江南地區，元政府在這一地區設置了江淮等處財賦都總管府，江浙等處財賦都總管府以及多種名目的提舉司，專責管理官田事務。

元政府在逐漸擴大官田的同時，不斷地將官田賞賜給貴族、官僚和寺院，這便是「賜田」。元代賜田之舉十分頻繁，賜田的數量也很大，動輒以百頃、千頃計。元代賜田，是元代土地制度中較為突出的現象。

職田即官員的俸祿田。元代職田只分撥給路、府、州、縣官員及按察司、運司、鹽司官員，其他官員則只支俸鈔和祿米，不給職田。官員職田的多寡，隨品秩高下而定。

西元一二六六年，元政府定各路、府、州、縣官員職田：「上路達魯花赤、總管職田十六頃，同知八頃，治中六頃，府判五頃;下路達魯花赤、總管十四頃，同知七頃，府判五頃;散府達魯花赤、知府十二頃，同知六頃，府判三頃；中州達魯花赤、知州六頃，州判三頃；警巡院達魯花赤、警史五頃，警副四頃，警判三頃;錄事司達魯花赤、錄事三頃，錄判兩頃;縣達鮮花赤、縣尹四頃，縣丞三頃，主簿三頃，縣尉兩頃。

政府規定的諸官員的職田數，只是一個給付標準，實際上，官員違制多取職田和職田給付不足額，甚至完全未曾給付的情況都是存在的。職田的收入歸現任官員所有，官員離任須將職田移交給下任。

學田，即官辦各類學校所佔有的土地。元代在中央設置國子學、蒙古國子學、回回國子學，在路府州縣設置儒學、蒙古字學、醫學、陰陽學等。

此外，各地還有大量的書院。除國子學沒有學田外，上述其他學校都佔有數量不等的土地，其中各地儒學是學田的主要佔有者。

上述元代各類官田，基本上都採用租佃制的生產形式。大多數情況是出租給貧苦農民耕種，但元代一般官田和學田中包佃制興盛，是這些土地上封建租佃關係繼續保持其發展趨勢的一種反映。

元代寺觀土地名義上屬於封建國家所有，但除去政府撥賜的土地外，寺觀從前代繼承來的土地及透過各種途徑續佔的土地，其所有權都在寺觀，新增田土還要向政府納稅，所以，寺觀土地一部分是私有土地。

元代尊崇宗教，隨著佛道二教社會地位的上升，寺觀的土地佔有也顯著擴張，尤其所謂「佛門子弟」更充當了土地兼併的突出角色。

許多寺觀，在前代便佔有相當數量的土地，入元後這些土地仍歸其所有，並受到元政府的保護。元政府又把大量官田撥賜給一部分著名寺觀，動輒數萬甚至十數萬頃，急遽擴增了寺觀的土地佔有。

寺觀土地基本上採用租佃制進行生產，寺觀佃戶的數量很大。一般寺觀的田地都分設田莊，派莊主、甲干、監收等管理佃戶和收取田租。

元代民田，包括地主、自耕農、半自耕農佔有的土地，地主土地所有制在民田中佔有絕對支配地位。金和南宋時期，大地主土地所有制已經充分發展，入元以後地主的土地兼併活動並未受到遏止，且有變本加厲之勢。

由於地主佔據了絕大部分土地，元代自耕農、半自耕農的人數甚少，所佔土地亦十分有限。大部分農民沒有土地，或只佔有極少的土地，因而成了封建國家和各類地主的佃戶。

閱讀連結

元代著名農學家王禎在旌德縣尹任內，為老百姓辦過許多好事。據《旌德縣誌》記載，他生活儉樸，經常將薪俸捐給地方興辦學校，修建橋樑，施捨醫藥，教農民種植、樹藝。

有一年碰上旱災，眼看禾苗都要旱死，農民心急如焚。王禎看到旌德縣許多河流溪澗有水，想起從家鄉東平來旌德縣的時候，在路上看到一種水轉翻車，可以把水提灌到山地裡。

王禎立即開動腦筋，畫出圖樣，召集木工、鐵匠趕製，就這樣，水轉翻車使幾萬畝山地的禾苗得救。

近世時期 田賦結合

明清兩代是中國歷史上的近世時期。

明清時期的農業在土地開發和技術利用等方面得到了進一步的發展。農業的發展使手工業出現繁榮，私營手工業在明中後期佔主導地位，並出現了資本主義生產關係的萌芽。但自給自足的自然經濟在全國仍居主導地位。

明清時期的土地所有制，與中國歷代王朝一樣，有官田與民田之分。官田屬封建國家所有，民田屬地主或自耕農所有。明清時期的土地制度對後世有著深遠的影響。

明代農業生產的進步

■明太祖朱元璋

明朝是十四世紀中期至十七世紀中期的一個統一王朝。明朝的農業儘管在經營方式和技術水準上仍然處在比較落後的傳統農業階段，但是與前代相比起來，其進步性還是十分明顯的。

明朝政府鼓勵農耕。新式農具的推廣，農業肥料的使用，土壤的改良，農作物的引進，栽培技術的創新，家畜家禽的飼養，水利方面的建設，以及農業生產的多種經營方式，使農業獲得了空前的發展。

這一切說明，傳統農業在中國明代仍是富有活力的，其發展潛力依然很大。

明代農業由於受到條件限制，基本上還是自然農業模式，還是小農經濟佔據主要地位。

元末農民戰爭中，不少地主或死或逃，留下大批荒田。廣大農民進行開墾耕種，得到明政府的認可。

西元一三六八年，明太祖下令，各處荒田，農民墾種後歸自己所有，並免徭役三年，原業主若還鄉，地方官於附近荒田內如數撥與耕種。

此外，明政府還大力推行屯田政策。凡移民屯種，官府給耕牛、種子，免徵三年租稅，其後畝納稅一斗。軍屯是讓衛所士兵屯耕自給。軍屯的耕牛、種子、農具由政府供給。大部分是墾荒得來的。

在明代，農業生產工具的類型和作用，基本上已經達到中國封建社會的經濟條件和技術條件當時所能達到的高度。新出現或有所改進的農業生產工具中，最值得一提的是耕翻農具人力「代耕架」的應用。它利用機械原理，省力而效率高。

代耕架由兩個人字形支架和安有十字木橛的轆轤組成。耕地時田地兩頭距離兩丈，相向安設。轆轤中纏有六丈長的繩索，繩兩端固定在兩邊的轆轤上，中間安有一個小鐵環，小鐵環上掛有耕犁的曳鉤，運作時以人力搬動轆轤上的木橛，使之轉動，耕犁就往復移動耕田。

每套代耕器，共用三人，兩面轆轤各用一人，扶犁一人。轉動轆轤的人，一人轉動時，對方一人休息，如此往復搬動。

代耕架暫可解決耕畜缺乏的問題，然而，使用時人的體力消耗較大，且易損壞，用途單一，製造費用較高，效率不很理想，因此在小農經濟條件下不可能大規模推廣使用。但在耕地機械上畢竟是一大進步。

此外還有灌溉農具風力水車。宋應星在《天工開物》中說：

揚郡以風帆數扇，俟風轉車，風息則止，此車為救潦，欲去澤水，以便栽種。

這類提水機械用於太湖流域排水，有風就轉且可經常工作。稻穀脫粒農具稻床，也是這一時期新出現的或在以前基礎上加以改進的農用機具。

明代已把積肥列為農家的頭等大事，並認為一切殘渣廢物都是好肥料。如《月令廣義》指出：

田家首務，在於積糞。積糞之方不一，自人糞、六畜糞及塵埃糞、雜物浸漬臭泥及各草木葉皆是糞也。

廣泛使用無機肥料是明代的一大特點。

綠肥和農產品加工的副產品也是當時的主要肥料，其中有棉籽餅、麻餅、豆餅、柏餅、麻餅、楂餅，還有酒糟、糖渣、豆渣、果子油渣、青靛渣、小麻油渣等。

製造堆肥的方法多種多樣，如袁黃《寶坻勸農書》記載：「有踏糞法、有窖糞法、有蒸糞法、有釀糞法、有煨糞法、有煮糞法。」

明代繼宋元之後在施肥方面已具有較系統的經驗和理解。

一是認識到了肥料是決定作物產量的重要因素，概括出了「惜糞如惜金」，「糞田勝如買田」的農諺。認識到了施肥量「多寡量田肥瘠」；施肥還必須與深耕相結合，以避免肥料集中於土表而遭致流失或引起作物徒長。

二是農業專家發表的見解。徐光啟在《農政全書》指出凡落葉腐草、溝泥和豆苗綠肥等皆能做肥料，改良土質，並有利於作物根系的生長，從而加強作物抗風兼耐水、旱的能力。並特別強調施用生泥對於冷漿田的好處。這是明人的又一寶貴見解。

袁黃《寶坻勸農書》也指出，對不同土壤要用不同肥料來加以改良，如用灰和浮沙改良緊土，用河泥改良緩土，用焚草和石灰改良寒土等。

《寶坻勸農書》還指出，基肥能改良土壤，追肥有滋苗的作用，說：「化土則用糞於先，而瘠者以肥；滋苗則用糞於後，徒使苗枝暢茂而實不繁。」

除施肥改土的方法外，還有透過耕作來改良土壤。在明代值得注意的，鹽鹼地的改良和利用。在中國歷史上早就不乏化斥鹵為良田的事例，但到明代以後，農民千方百計地找地種，鹽鹼地改良利用的意義就不同於過去了。

位於海河流域的曲周縣農民為了求生，總結了多年探索的經驗，採取了一些辦法來改良和利用鹽鹼地：一是趕鹽，在有水利條件的地方，用水沖刷，把鹽趕走。二是壓鹽。在田裡打圍埝，蓄存雨水，用來壓鹽下沉。三是躲鹽。透過耕作，切斷土壤毛細管作用，減少蒸發，並施用有機肥來改善土壤結構，設法盡可能避開鹽鹼之害。四是挑溝築岸，用造田來改良利用濱海鹽鹼地。

還有就是分佈在隴中地區的石砂田，也源於明代。它是一種獨特的改良利用土地的創造。砂田建設是先將土地深耕，施足底肥，耙平，墩實，然後在土面上鋪上粗砂石和卵石或片石的混合體。

每鋪一次可有效利用三十年左右。以後再重新起砂、鋪砂，實行更新。因砂石覆蓋具有增溫、保墒、保土、壓鹼的綜合性能，砂田產量超過一般田地百分之十至百分之五十。

明代中後期從海外引進了蕃薯、玉米、馬鈴薯三種糧食作物和花生、菸草兩種經濟作物。經過多年的傳播，這些都逐漸成為中國廣泛栽培的重要作物。

蕃薯引進據說是福建長樂商朝人陳振龍於西元一五九三年從菲律賓帶回薯蔓，在家鄉試種，次年由福建巡按金學曾加以推廣。

另據《東莞縣誌》和《電白縣誌》記載，大致在此同時，廣東也從越南引進種薯。蕃薯引進一二十年後就已在閩、粵部分地區普遍栽培，並在救荒中發揮一定作用。

徐光啟是最早把蕃薯從嶺南引種到長江流域來種植的人，並著有《甘薯疏》。黃河流域大約是在十八世紀前期從福建和長江流域引種的。

玉米在中國廣泛種植大約是十七世紀中後期開始的，主要種在山區。十八世紀中葉以後已相當普遍。

馬鈴薯，也叫洋芋、馬鈴薯、山藥蛋。約在十七世紀前期傳入中國。西元一六五〇年荷蘭人斯特勒伊斯訪問臺灣，曾見到栽培的馬鈴薯，稱之為「荷蘭豆」。

十九世紀中期以來，中國西南的雲、貴、川和西北的山、陝都已廣泛種植馬鈴薯。

花生過去一般人認為中國是直接或間接從南美洲傳來的。最早記載花生的是江蘇太湖地區的一些著作，如《常熟縣誌》、《嘉定縣誌》和蘇州人黃省曾寫的《種芋法》。

十九世紀後期美國大粒花生品種引種於上海和山東蓬萊。由於它的產量較高，逐漸代替了小粒種的地位。

菸草十六世紀中後期至十七世紀前期由兩路傳入中國。南線，自菲律賓傳入。此外，還有自呂宋先傳入澳門，再傳入臺灣。

由於傳統選種技術的發展，培育新品種進度加快，因此這一時期作物品種相當豐富。如《天工開物》記述黍、稷、粱、粟的名稱很多。尤其是稻品種特別多，質性有黏、不黏的；生育期長短有「五十日早」、「六十日稻」、「七十日即獲」和「二百日方收穫」者等。

形狀有長芒、短芒、長粒、尖粒、圓頂、扁面的；米色有雪白、牙黃、大赤、半紫、雜黑不一；有品質特別好的「香稻米」，還有「深水稻」、「鹹水稻」等。水稻品種的多種多樣和適應性較強，有利於種植品種的搭配，也為改進種植制度提供了條件。

明代農業種植較廣的經濟作物，首推棉花和桑樹，江南和華北都形成了大面積植棉區，蠶桑業則集中在長江三角洲地區。福建、廣東等地則利用溫暖濕潤的氣候條件，大力發展甘蔗、荔枝、龍眼等經濟作物的種植。顏料作物、油料作物以及茶樹、花卉、果木、蔬菜、藥材、菸草等也在各處因地制宜地發展起來棉花的栽培方法有著名的「張五典種棉法」，這是總結民間植棉經驗得出的新法。從棉花的制種、栽種氣溫、土壤選擇、根株行距、田間管理、定苗鋤耘、打葉掐尖等生產技術，在《農政全書》中都有科學的規定。

明代大田作物的無性繁殖技術也有發展和創造。如在蕃薯引進中國三百多年的歷史中，其無性繁殖技術，除藤蔓扦插外，還創造了從種薯育苗結合扦插到溫床育苗的技術。

據文獻記載，蕃薯主要有四種育苗繁殖方法，即露地自然育苗、越冬老蔓育苗、切塊直播育苗和催芽畦種育苗。

明代由於商品經濟的發展，大小城鎮的紛紛興起和擴大，刺激了園藝業的發展，促進了栽培技術的提高。果樹栽培種類和品種增加，《農政全書》所著錄的果樹種類達四十種，較元代《農桑輯要》和王禎《農書》所著錄的二十餘種大大增加。

北方梨產區的主栽品種萊陽梨和秋白梨，以及上海水蜜桃都是在明代選育出來的。繁殖栽培技術在許多方面比起以前也有不少提高。

明代蔬菜種類的變化主要表現在白菜、蘿蔔開始成為主要的栽培菜蔬，再就是十六世紀下半葉至十七世紀下半葉，南瓜、辣椒、番茄、馬鈴薯、菜豆等南美原產的蔬菜以及球莖甘藍引種到中國。

在明代，中國家畜家禽已有相當多的著名品種，如馬，北方和西北有蒙古馬和與之有血緣關係的西寧馬、伊犁馬、三河馬、焉耆馬等；西南則有四川建昌馬、雲南烏蒙馬和貴州的水西馬。牛有秦川牛、南陽牛。羊有湖羊、洮羊、蒙古羊、同羊、封羊等。

生長於嶺南的豬，大者可長到二三百斤。這個豬種骨質細緻，易熟易肥，耐粗飼，繁殖力高，抗病力強，十八世紀傳入英國，與當地約克夏地方品種雜育成大約克夏豬。

雞有遼陽雞、矮雞、泰和雞、長鳴雞、壽光雞、九斤黃、狼山雞。鴨有番鴨、北京鴨和淮鴨。

在家畜家禽飼養方面，有幾種家禽的肥育法是很有特色的：

一是棧雞易肥法。以油和麵擀成指尖大塊，日與十數食之，並將土硫黃研細，用匙許與硬飯拌而喂之，數日即肥。

二是棧鵝易肥法。與棧雞相似，不同者在於須用磚蓋成小屋放鵝在內，勿令轉側，門以木棒綁定，只令出頭吃食。日喂三四次，夜多與食，勿令住口，只如此五日必肥。

三是填鴨法。在食用之前二十一日，白米做飯後，以鹽花和之成團，做棗核狀，每日喂食一團，至期宰食，其味鮮嫩無比。

明初，政府多次組織農民大規模興修水利。廣西的靈渠、四川的都江堰等，都曾在洪武年間先後修復。陝西洪渠堰疏濬後，可灌溉涇陽、三原、醴泉、高陵、臨潼田兩百餘里。寧夏衛所修渠道灌田數萬頃。浙江定海、鄞縣疏濬的東錢湖也能灌田數萬頃。

西元一三九五年，全國府縣計開塘堰近四萬一千處，浚河四千一百多處，修陂渠堤岸五千多處。這對農業生產的恢復發展起了重大的作用。

在灌溉技術方面，徐光啟針對北方農業少水乾旱的特點，利用一種仿製的「龍尾車」取水，據說「物省而不煩，用力少而得水多。其大者一器所出若決渠焉，累接而上，可使在山，是不憂高田」。

距離河數十里的稻田、棉田、菜地皆可得到灌溉，比笨重的舊式水車效率大增。「龍尾車」是一種比較先進的機械法引水工具。利用活塞汲水的機械壓水工具，所謂「玉衡車」，也同時引進。

明代的農業發達地區逐漸擺脫單一農業生產的經營方式，利用農產品商品化和商品市場的擴大等條件，進行多種經營，這種經營方式促進了當時農業生產水準的提高。

當時吳人譚曉、譚照兩兄弟，看到當地湖田多窪蕪，且被人遺棄的田地甚多等現象，就以低價買入，並利用當地賤價的勞動力，進行土地改良，窪地養魚，高地圍堰造田。這是一種較高水準的經營模式，既提高了農業生產水準，又獲得了副業的高收益。

譚氏兄弟的經營方式，在當時江南經濟發達地區並不是偶然的或例外的方式，而是比較普遍的現象。這類活動本身，其商業意義已經很明顯了。

閱讀連結

徐光啟小時候進學堂讀書，就很留心觀察周圍的農事，對農業生產有著濃厚的興趣。二十歲考中秀才以後，他在家鄉和廣東、廣西教書，白天給學生上課，晚上常常默對孤燈，廣泛閱讀古代的農書，鑽研農業生產技術。

由於農業生產同天文曆法、水利工程的關係非常密切，而天文曆法、水利工程又離不開數學，他又進一步博覽古代的天文曆法、水利和數學著作。

長期的努力使他在農業研究方面取得了成就，著成《農政全書》等。

明代屯田制度與莊田

■明成祖朱棣

明代處於中國封建社會的晚期。這時期，全國的土地分為軍屯、民屯和商屯，包括軍墾田，地主所有的土地，自耕農所有的土地，此外還有皇莊、藩王佔地和國家儲備用地等。

在明代末年，正值中國歷史上的第二次小冰河時期，這時期的自然災害達到高峰，明代的土地兼併日益膨脹，土地法制已經無從談起。

明代的土地制度和其他典章制度一樣，多因襲前代的舊制。當然也有自己的一些顯著改進，顯示出鮮明的時代特徵，推進了農業的大發展。

西元一三六八年，明太祖朱元璋命軍隊諸將種植滁州、和州、廬州、鳳陽等土地。凡開立屯所，各設都指揮一員統領。

此後，他一方面反覆告諭全軍將士開展屯田的重要意義，要求他們從思想上明確，在行動上落實，務求實效；另一方面不斷下令軍隊走出兵營，到邊區和人煙稀少的地方開墾荒地，力爭軍糧自給，減少百姓負擔。

明太祖還一再遣將四出，到屯田第一線嚴加督責。於是，從東到西，自北而南，都在興屯種田。洪武時軍隊屯田總計八十九萬餘頃。

永樂帝即位以後，令五軍都督府及衛所遵洪武舊制，繼續大力命軍興屯，開墾土地，發展生產。令年終奏報屯田所入之數，以稽勤怠。從而使軍屯之制在永樂朝得以堅持下去。屯田總計九十餘萬頃。

明代軍屯，集中於邊區，尤其是遼東、薊州、宣府、大同、榆林、寧夏、甘肅、太原、固原等九個邊陲要地，史稱「九邊」。這九個軍事重鎮，既是重兵固守的要地，也是軍屯的重點地區。

西元一四〇四年，明政府定屯田官軍賞罰條例，多者賞鈔，缺者罰俸。並對洪武時創立的屯田佈告牌重加詳定，令每屯設立紅牌一面，列則例於上。

明代在實施屯田的過程中，首先強調軍屯，並且在實施軍屯的同時，發展民屯作為輔助。民屯之興始於西元一三七〇年，朱元璋接受鄭州知州蘇琦建議，決定移民墾田。明初轟轟烈烈的民屯就開始了。

明初民屯的中央高級管理機構為司農司，地方基層組織為裡社制。當時的民屯有三種形式，即移民、招募和罪徙。

明初移民不僅有從南方移到北方，也有從北方移到中原、黃河南北的，還有從少數民族地區移到內地的。移民數量龐大，如徐達所徙的沙漠遺民，以每戶五口計，就有十五六萬人。這是因戰爭關係而被遷徙的例外情況。

從洪武至永樂年間，徙民屯田的數目，共有二十三點二六萬餘戶，如果每戶以五口計，就有一百一十六萬餘人，恐怕實際數還不止於此。

此外，移民次數也不少，洪武朝大規模徙民就有十五次，永樂以後，才逐漸減少，宣德以來，就沒有徙民的事了。

明政府對應募的人，採取獎賞辦法，如西元一三九三年，山西沁州民張從整等一百一十六戶，告願應募屯田。戶部分田給張從整，又令他回沁州招募居民，然後往北平、山東、河南曠土之處耕種。當時，招募民人屯田的組織和移民一樣，設有佐貳官員主持，仿地方裡甲制度進行組織。

罪徙屯田是明代對犯法的人實行的屯田。罪徙屯田，主要集中棄鳳陽、泗州和荒地較多的邊區。

明代民屯的設置，是作為軍屯的補充形式。民屯的推行促進了明初社會經濟的恢復和發展，同時也成為國家重要的經濟來源。

與民屯、軍屯同時進行的，還有商屯。從總體上說，商屯是為了滿足軍需，但出發點各有不同。推行民屯是為瞭解決民食，推行軍屯是為瞭解決邊區及內地軍隊的糧餉。而推行商屯，目標則比較單一，就是為了資助邊境軍糧。

商屯也稱「鹽屯」，是鹽商為便於邊境納糧換取鹽引而進行的屯墾。根據政府的需要，除用糧米換取鹽引之外，有時也可用布絹、銀錢、馬匹等換取，但以糧換取是主要形式。

明初商屯東至遼東，北至宣大，西至甘肅，南至交趾，各處都有，其興盛對邊防軍糧儲備以及開發邊疆地區有一定作用。

莊田是明代土田之制的有機組成部分。明代的莊田種類很多，有皇莊、諸王莊田、公主莊田、勛戚莊田、大臣莊田、中官即太監莊田、寺觀莊田等。其中，於國計民生影響最大的是皇莊、諸王莊田、勛戚莊田和中官莊田。

皇莊，即由皇室直接命太監經營，並以其租入歸皇室所有的田地。它是皇家的私產，是皇帝制度的產物。

皇莊在中國已有長久的歷史，漢代稱「苑」，唐代稱「宮莊」。明代起初亦稱「宮莊」，最早建於永樂末年，地點在順天府豐潤縣境內，名為仁壽宮莊。宣德時，又陸續建立清寧宮莊和未央宮莊。

西元一四五九年，因諸王尚未進居封地，宮中供用浩繁，明英宗設立昌平縣湯山莊、三河縣白塔莊、朝陽門外四號廠宮莊為皇太子朱見深的東宮莊田；北京西直門外新莊村並果園、固安縣張華裡莊為朱見潾的德王莊田；德勝門外伯顏莊、鷹坊莊和安定門外北莊為朱見澍的秀王莊田。

明憲宗繼位以後，將原先朝廷所沒收的太監曹吉祥的莊田改為皇莊。明代皇莊之名，由此開始。

諸王莊田，即王府莊田，它的產生緣起於明朝的分封制度。從西元一三七〇年起，相繼選擇名城大都，正式分封諸子為親王。因為古時稱封建王朝分封的地為「藩」，稱分封之地為「藩國」，所以人們又稱親王為「藩王」、王府為「藩府」。由明太祖、明成祖至明神宗十二帝，封親王五十五國。親王嫡長子嗣位為王者，凡三百二十一人。

勛戚莊田和中官莊田的性質與王府莊田無異，都是為了侵奪國家稅糧。勛戚即勛臣和皇親國戚。中官莊田為太監而設。除上述皇莊、王府莊田、勛戚及中官莊田之外，明代還有為數不少的公主莊田、大臣莊田和寺觀莊田。

閱讀連結

明成祖朱棣非常重視社會經濟的恢復與發展，認為「家給人足」、「斯民小康」是天下治平的根本。

他大力發展和完善軍事屯田制度和鹽商開中則例，保證軍糧和邊餉的供給。派夏原吉治水江南，疏濬吳淞。在中原各地鼓勵墾種荒閒田地，實行遷民寬鄉、督民耕作等制度以促進農業生產，並頒布蠲免賑濟等措施，防止農民破產，保證了賦役的征徵派。

透過這些措施，永樂時「賦入盈羨」，政治穩定，經濟繁榮，達到有明一代最高峰。朱棣被後世稱為「永樂大帝」。

清代農業技術及農學

■康熙皇帝

清朝是中國歷史上最後一個封建王朝。清政府採取了很多措施來提高農業生產率，不過清朝的農業發展還是比較緩慢的。

清朝農業在農具的使用、農田水利的建設、耕地技術和柞蠶放養技術的改進、作物構成、施肥和病蟲害防治以及植樹造林等方面，都有些局部的改進和提高，體現了時代的特點。

清代的農學著作約有一百多部，這些農學成果對後世產生了重要影響。

清代人口大增，乾隆時期已達三億，這就需要糧食作物的產量更加提升。在清政府鼓勵發展生產的政策下，清代農業的生產工具、水利建設、耕地技術及植樹造林等方面較之前代有所發展。

清代出現了一種深耕犁，有大犁、小犁和堅重犁之別。深耕犁的發展，反映了耕作技術的提高。小型農具在清代進一步完善，如稻田整地滅茬的農具輥軸，作用是把田間雜草和秧苗同時滾壓入泥，過宿之後，秧苗長出，而草則不能起。

貴州遵義一帶有一種名為「秧馬」的農具，其形制和作用，與宋元時記述的秧馬不同，而類似輥軸，用以掩殺綠肥和雜草。以上農具在雙季稻地區作用尤為明顯。

塍鏟、塍刀是清代南方丘陵地區水田作業的兩種農具，用以整治田埂。這種農具靈巧輕便，能提高作業速度和質量。

清代有一種水稻除蟲工具，滅蟲效果很好。適應於北方旱作地區的一種中耕除草工具漏鋤，其特點是鋤地不翻土，鋤過之後土地平整，有利於保墒，而且使用輕便。

清代的農田水利工程一般是以水道疏濬為主。西元一五七〇年，經海瑞主持的一次水利工程後，吳淞江下游基本形成今天的流向。清時為便於節制黃浦江，在江口建大閘一座。

京都周圍附近地區的農田水利工程，自元以後時舉時廢。西元一七二五年，京都附近發生特大水災，清政府曾用較大力量興修水利，農田水利有較大發展，公私合計先後墾出稻田五十九點七萬多畝，並分設京東、京西、京南和京津四局加以管理。

到乾隆時，因為南北自然條件不同，北方水少，且過去所辦水利收效不大，所以明令禁止以後再在京都周圍從事水利營田。

整個清代農田水利是向小型化方面發展。康熙時，有專家力主在陝西鑿井防旱，並指出應該注意的一些技術問題。河北、河南、山西、陝西等地利用地下水鑿井灌田，蔚然成風。

河北井灌和植棉有關，植棉必先鑿井，一井可灌溉棉田四十畝。山西省蒲州和陝西省富平、澄城等地由於地形、地質不同，井水量大小不同，每井灌溉田地數量也不同。水車大井和一般大井每井可灌田二十畝，橘槔井可灌六七畝，轆轤井可灌二三畝。

南方井灌較少，但利用山泉灌溉種稻卻較普遍，閩、浙、兩廣、雲貴、四川等地，隨處都有蓄儲湧泉或壅積穀泉的塘堰。

山泉來自高處，便於引流灌溉，為了合理用水並減緩衝擊，人們就在下流修築塘堰加以蓄存，並用柵、閘以及瓦竇、陰溝等啟閉宣洩，再隨時引入田。

當田面高於山泉，除了築堰壅水外，還用筒車來提水灌田。在山泉為疊嶺澗壑所限時，則用竹筒，架槽來渡越，使山泉能從上而下，由近及遠地使用，大大提高了泉水灌溉效益。北方各省也有引用泉水灌溉的，但總的面積不大。

在具體耕作技術的基礎上，楊屾的《知本提綱·農則》概括出農業生產的一般耕作程式和一環套一環的原則：耕墾、栽種、耘鋤、收穫、園圃、糞壤、灌溉之次第，如果能一一詳明，自然善於耕稼，產出倍增。這七項是《知本提綱》討論耕稼的內容。

前四項為糧食作物生產的四個環節，園圃為農家不可偏廢的生產項目，最後兩者則為糧食作物和園圃生產共同應該注意的環節。並指出一個環節要緊扣另一個環節，對每一環節還提出了質量要求。對播種、田間管理、收穫等也同樣提出了要求。

掌握技術關鍵是農業生產中應予以重視的又一原則。當時的農學著作中輯載了不少農諺資料，提出了播種時期、前後作的關係、耕地深度、操作時間等問題，對實際生產有很大指導意義。

如說「小滿花，不到家」，意思是棉花遲種則不收；「蕎麥見豆，外甥見舅」，意思是去年種蕎麥之地今年不宜種豆；

還有「麥子犁深，一團皆根；小豆犁淺，不如不點」、「天旱鋤田，雨潦澆園」等。

當時的農學家認為北方的生產技術關鍵是「糞多水勤」；南方則是「深耕」、「早種」等。

土壤耕作是農業生產首要的一個環節，《知本提綱》已有系統認識，指出前作物收穫後，土壤板結，通氣不良，經過耕耙和風化作用，板結狀況可以改變；但「日烈風燥」，水分又損失過多，因之必須「雨澤井灌」補充水分，土壤經過這樣的耕作使水、肥、氣、熱達到協調程度，才對作物生長有發育之功。

耕地技術在清代已達到相當完善的地步。北方旱地土壤耕作不論夏耕或秋耕都形成了一套完整的耕作法，即淺、深、淺。

《知本提綱》概括了這一耕法：

初耕宜淺，破皮掩草；次耕漸深，見泥除根；轉耕勿動生土，頻耖毋留纖草。

南方水田耕作技術的進展表現在兩方面：一是深復耕。深耕在明、清時通常都在八九寸，不超過一尺。二是凍土曬垡。即將表土翻挖，熟化土壤。

清代農作物保持著傳統的稻麥和雜糧等，自明代中期玉米、蕃薯等新作物引進後，對中國作物結構產生很大影響。

玉米引進後，清代中、後期推廣普及較快，到西元一八四〇年第一次鴉片戰爭前，基本上已在全國範圍內得到了傳播，尤其在雲、貴、川、陝、兩湖、皖、浙等省山區種植更為普遍，甚至在糧食作物中漸佔主導地位。

蕃薯至道光年間已在各地普遍栽種，並逐漸成為中國的主要輔助糧食之一。明代引進的馬鈴薯在清代也被廣泛種植。

清代商品經濟的發展，新作物的引進與廣泛傳播，人口的繁衍，特別是進入十八世紀以後，中國人口不斷大幅度的增長，大大增加了對糧食的需求，因而也促進了清代多熟制的迅速發展。在當時，「一歲數收」具有提高單位面積年產量的積極意義。

十八世紀中葉以後，中國北方除一年一熟的地區外，山東、河北、陝西的關中地區已經較為普遍的實行三年四熟或兩年三熟制。南方長江流域一般一年兩熟，再往南可以一年三熟。

自實行複種制，週年之內的種植和收穫次數就有了增加，而從始用於蔬菜生產中的間作、套種等技術運用於大田生產後，「一歲數收」的多熟種植技術逐漸提高，農作制也相應地更加複雜化了。其中，套種是解決多熟種植的關鍵技術。

套種的原則，一是除主種作物外，套種作物應選擇生長期比較短，相互間有親和力的作物，經濟作物和蔬菜都可以參加進去；二是透過套種爭取多收，最主要的技術措施就是要多施肥料。此外，桑間、果間，透過間作、套種、複種等技術，也可增加種植和收穫次數。

有的地區為瞭解決上、下兩熟作物收穫和播種季節上的矛盾，清代創造發明了幾種特殊的栽培技術。這些技術至今在農村中仍有沿用的。

一是小麥移栽法。小麥人工移栽始於何時，尚無明確的文獻可證。但到明末清初，對小麥育苗移栽的時間、方法等已有較詳細的記述。

有人認為農曆八月初，先下麥種。張履祥在《補農書》中進一步指出：

中秋前下麥子於高地，獲稻畢，移秧於田，使備秋氣。雖遇霜雨妨場功，過小雪以種無傷。

《知本提綱》指出：麥苗等皆宜先栽後澆，如水中栽，就不發旺，每科栽畝十餘根，行株距四吋左右，而且要縱橫排直成行，以便中耕、壅根、除草和通風透光，這樣就能「苗盛而所獲必多」。

小麥移栽不僅可以克服晚稻晚收和冬麥早播季節上的矛盾，而且可以減輕或避免蟲害、節省種子和使莖稈粗壯不易倒伏。

冬月種穀法。此法是針對秋季因某些原因而錯過種麥時期所採取的一種補救方法，使農民在麥季無收的情況下仍可以收到早穀子。

河南有些地方農民冬月種穀的方法是，於冬至或冬至前一天直接把穀種播入田中，結果和在甕內埋入土中處理十四天沒有差別。

北方旱地搶墒播種。中國北方旱地由於春旱或秋旱影響而不能及時整地下種。針對這種不利自然條件，農民創造和積累了不少搶墒播種和抗旱播種的經驗。清代農書中記載的方法有：趁墒種麥；搶墒種豆，留茬肥田；晚穀播種；乾土寄子。

趁墒種麥的方法，即在秋茬地上種麥，如果有秋旱趨勢，必須搶墒下種等雨，不能等雨再種。

搶墒種豆，留茬肥田的方法，即在小麥收割後，於麥茬行間開溝種豆，這樣既可利用麥茬護苗，又可利用殘茬肥田。此書還提出且割麥且種豆的辦法。

乾土寄子抗旱播種法也是農書中提出的。北方旱地夏收夏種季節，如雨水不及時，可採取抗旱保墒的措施以適時播種。種晚穀播種辦法是，在麥收後淺耕滅茬，即先耪一遍，然後騎壟種之，但斷不可耕壟，以免耕後跑墒。

乾土寄子辦法是，實在無雨，將前墒過之地，或用耬，或用撒，乾種在地內候雨。乾土寄子法的優點在於比雨後才播種的出苗要早。

清代對透過施肥來提高單位面積產量的認識更深刻了，如《知本提綱》提出了「墾田莫若糞田」之說。

施肥經驗進一步豐富的表現，一是積肥方面，要多施肥就必須多積肥，肥料種類和來源比以前增加和擴大了許多。《知本提綱》將它們分為十類，稱為「釀造十法」，也就是積肥的十種方法：

曰人糞、曰牲畜糞、曰草糞、曰火糞、曰泥糞、曰骨蛤灰糞、曰苗糞、曰渣糞、曰黑豆糞、曰皮毛糞。

並分別記述了積制方法和效果。就農家糞肥而言，這十大類已是無所不包了。

還有對肥效的體驗進一步加深。《知本提綱》在介紹「釀造十法」中對糞肥等級所表達的方式：一種是用「可肥美」，「可肥田」，「可強盛」的詞語；另一種是「一等糞」，「肥盛於諸糞」，「最能肥田」，「更勝於油渣」，「沃田極美」等字句，也反映出農民體會到這些肥料在肥效上有差別。只有肥料種類增多，人們在使用中透過比較試驗，才會體會到它們的肥效不同。

在施肥技術上，清以前對施肥的時間、不同土壤應施哪些不同的肥料以及哪種作物最需要哪類肥料，即所謂施肥中的「三宜」問題已有所論述，但到清代透過《知本提綱》一書的總結，使人們對施肥「三宜」的認識就更為明確系統了。

所謂「時宜者，寒熱不同，各應其候」，即在不同時期，施用種類不同的肥料；所謂「土宜者，氣脈不一，美惡不同，隨土用糞，如因病下藥」，就是說對不同的土壤，施用不同的肥料，以達到改良土壤的目的；所謂「物宜者，物性不齊，當隨其情」，即對不同作物施以適合的糞肥。

清代對作物蟲害的防治比較重視，認識到害蟲不是神蟲，而是「凶荒之媒，饑饉之由」，必須消滅之。在蟲害防治技術上，也彙集前人經驗並加以發展：

首先是人工防治。如蝗蝻、豆蟲、蚜蚄之類用人工加以捕打，或用炬火驅逐。

其次是藥物防治。清時採用的滅蟲藥有砒霜、菸草水、青魚頭粉、柏油、芥子末等。蒲松齡的《農桑經》記載說種穀「用信乾」，「信乾」就是用砒霜和穀子煮透曬乾製成的毒餌。

再次是農業防治。比如耕翻冬漚，調節田間溫濕度，輪作換茬，合理間作，種子處理，選育抗蟲品種，調節播植時間，中耕除草等。

最後是生物防治。嶺南地區用蟻防治柑橘害蟲，當地人把大蟻連窠采歸飼養，果農則向養蟻人買來放養於柑橘、檸檬等果樹上。

果農們還創造了在樹與樹之間用藤竹、繩索溝通引渡，以便大蟻在各樹之間交通往來的方法。此外，四川臨江的果農也買蟻防治柑橘害蟲。

作物病害，到清代逐漸被人們所注意，農書中有關記載多了起來，如祁寯藻《馬首農言》中就有「五穀病」一章。

用藥物治病，直到清末的馮繡《區田試種實驗圖說》中才介紹了「用雪水、鹽水浸種」和「用黑礬當做肥田料」以防治霉病之法。

清代記載涉及植樹造林材料的書約有四十種左右。這些著作反映了當時的植樹造林技術，不過其中大部分是關於果樹的，一般林木僅有片段零星的記述，但由此也可窺見其概貌。

一是育苗造林。首先必須採收成熟樹種。成熟的種子，含水量較低，貯藏不易發熱腐爛。成熟種子用來育苗發芽率較高。什麼樹的種子，何時成熟而應該採種，清代人們已積累了豐富的經驗。

二是轉堆法造林。於霜降後到春初樹木尚未發芽前，在根旁又寬又深地將土挖開，再從樹根側面斜伸下去截斷主根，保留四周側根，刨成一個圓形的根盤；然後在掘開處仍把土蓋上築實。

不太大的樹掘斷主根一年後即可移栽，很大的樹要經過三年。每年掘樹根的一面，最後把樹起出，用稻草繩捆扎根盤，以固定泥土。

此時暫勿移動，掘土處仍用鬆土填滿，並用肥水澆灌，待至明年二月，運到預定地點栽種。這種方法因準備工作經過時間長，操作又十分細緻，因而樹木移植後成活率就比較高。

三是插條造林。這一方法無須培育種苗，方法簡單易行。扦插的插穗，在清以前的農書中一般都說在早春季節採取插穗。但清代有的農學家認為初冬時枝條中含有養分比較充足，中國是世界上生產柞蠶繭最多的國家，也是人工放養柞蠶最早的國家。明末清初，中國的柞蠶放養技術已逐步進入成熟的階段，但到乾隆初年才有論述放養柞蠶技術的專書問世。根據清代一些著作來看，柞蠶的放養有兩種：一是放養春蠶；一是放養秋蠶，兩者放養法基本上近似。

春蠶的放養，首先是選擇種繭，選出優繭作為種繭，並按雄雌為一百與一百一十或一百二十之比穿成繭串，送溫室進行暖繭。「暖繭」是為促使種繭適時羽化而採取的措施。

在暖繭的三四十天裡，什麼階段應升溫，什麼時間溫度應保持平穩，又要隨著自然氣溫的變化而調節。這是柞蠶放養技術上的一大進步。因為暖繭工作必須有豐富經驗，所以清代有些蠶農以暖繭為職業，開設「烘房」和「蛾房」。

關於放養蟻蠶採用的「河灘養蟻法」，清代中葉以前就有了。其法是在「活水河邊」的沙灘上開挖淺水溝，把從柞樹上摘下的嫩柞枝密插溝內，用沙培壅，這樣柞枝幾天內不致蔫萎。然後將蟻蠶引上柞枝。

「剪移」是放養柞蠶中的一項重要工作。即蠶兒將柞葉吃到一定程度時，或因葉質老硬，蠶兒厭食時，把柞枝連蠶剪下，轉移到另一柞場的柞枝上去。

從蟻蠶上樹到結繭，一般要移蠶六七次。蠶兒漸老熟，開始移入窩繭場。採收的春繭準備作種用的，經挑選後，穿成繭串，掛在透風涼爽而日光直射不到之處，以待制種，放養秋蠶。

蠶農在實踐中認識到蠶病是要傳染的，所以特別強調蛾筐等工具每年都須用新製的。他們又發現改善蠶兒生活條件，可以減少蠶病的發生，所以特別注意保種、保卵和加強飼養管理。

對危害柞蠶的蟲蟻，採用人工捕殺和用紅礬、白砒等做成毒餌誘殺。為了驅散或捕殺為害柞蠶的鳥獸，蠶農們還創造了一些捕殺工具，如霹、機竿、排套、網罩、鳥槍、鳥銃等。總之，放養期間，蠶農們十分辛苦。

清代的農書約有一百多部，尤以康熙、雍正兩朝為繁盛。大型綜合性農書僅有一部《授時通考》，是西元一七三七年由皇帝弘曆召集一班文人編纂的。全書規模比《農政全書》稍小。因是皇帝敕撰的官書，各省大都有復刻，流傳很廣，國際上也頗有聲名。

《授時通考》全書布局，依次分為：天時、土宜、穀種、功作、勸課、蓄聚、農餘、蠶桑八門。該書把天時、地利的因素和「勸課」提到了空前高度，成為主題所在，而生產技術知識卻退列附從地位。

全書引用的書籍總數達到四百二十七種，遠遠超過了《農政全書》，但作為農書的意義來說，沒有作者的親身體會，沒有什麼特殊的新材料。

從清初到道光時，專門討論一個小地區農業生產特點和技術，而由私人著作的小型農書出現不少。如專論河北省澤地農業的吳邦慶的《澤農要錄》、山西祁寯藻的《馬首農言》、陝西楊屾的《知本提綱》和《修齊直指》等，都是根據地區需要和特點寫成的，在當地有較大的生產指導意義。

清中葉以前曾出現了多種專論某種作物、蠶桑或獸醫的專業農書，其中有《棉花圖》、《金薯傳習錄》、《養耕集》、《抱犢集》等。

花譜、果譜的種類更多，比較有名的兩種花譜，一是《祕傳花鏡》，一般稱之為《花鏡》，流傳較廣，作者陳淏子。

全書共分花歷新栽，課花十八法，花木類考三個主要部分。書中內容有不少是作者自己的心得和詢問得來的經驗，甚至有「樹藝經驗良法，非徒採紙上陳言」的第一手記錄。

西元一七〇八年，康熙帝下令組織一班大臣將明代《二如亭群芳譜》改編成為一百卷的《廣群芳譜》。這部書內容龐雜，體裁也有所改進，但農業生產意義不大。

閱讀連結

蒲松齡知識淵博，通曉中藥，熟知醫理，對農業和茶事深有研究。他在自己的住宅旁開闢了一個藥圃，種了不少中藥，其中有菊和桑。

他廣泛收集民間藥方，在此基礎上調製成一種藥茶兼備的菊桑茶，既可以止渴，又能健身治病。

蒲松齡就是用這種藥茶泡茶，在家鄉柳泉設了一個茅草亭，為過往行人義務供茶，路人喝茶時，他就請飲茶者講故事和見聞。

他的《聊齋志異》中四百九十多篇小說，多是經由這樣的方式蒐集的素材。

清代土地制度的演進

■雍正皇帝

清軍在入關以後，土地制度實行「法明」政策，就是承認明王朝的土地所有制，並穩定和保護這種所有制，這是清代基本的土地政策。

但清代對民田、莊田以屯田這三種土地存在形式的政策也有不少變化。

這些土地政策的實行，使清初耕地的面積逐年增長，不僅增加了稅賦收入，而且穩定了整個社會秩序，並為康乾盛世的出現奠定了基礎。

清代繼承歷史久遠的大土地所有制度，承認和保護明代土地所有制，恢復明代的地主土地所有，基本保留明代土地分類制度，沿襲了明代賦稅制度，並對原有的民田採取地租「攤丁入畝」形式進行管理。

民田屬於私有制範疇。所謂民田，是掌握在地主和自耕農或半自耕農手裡升科納稅的田地。清代這類土地約佔全國耕地面積地百分之七八十以上。這類民田在立法上是可以買賣的。

地主所有土地包括大中小地主所有的土地。其來源大體來自封建官府的賞賜，土地兼併，工商業者購買的土地及其他途徑和方式。

清代地主大量壟斷土地，失去土地的農民不得不租種地主的田地。地主對佃農採取土地出租的形式進行，地租有正租、附加租、押租與預租。

清政府為了保證國家財政的穩定，採取了「攤丁入畝」政策，國家不再向農民直接徵收丁銀，而向地主徵收。此政策的實行完全取消以往的「人頭稅」，進一步使封建社會後期的人身依附關係趨於鬆弛，有助於社會生產力的發展。

農民所有土地，即自耕農或半自耕農佔有的小塊土地。其來源大體來自承襲留傳下來的土地，清初實行招民墾荒復業而得到的小塊土地，農民佔據的前明藩王的莊田，以及農民赴邊疆墾荒形成的小土地所有等。

自耕農或半自耕農是清代的賦役來源，清政府對他們採取將他們固定在小塊土地上，收取輕徭薄賦，有利於自耕農的發展。

隨著清代封建國家發展財政需要的擴大，薄役政策是很難常久實施的，再則隨著社會經濟的發展，土地兼併日益嚴重，大量自耕農又失地破產而轉化為佃農。如此可說，自耕農或半自耕農的發展與減少，在很大程度上取決於土地兼併之風的削弱與盛行。

在清代的民田範疇內，除了地主佔有的土地和農民佔有的土地，還有兩種土地佔有形式，這就是學田和祭田。

學田即專用於辦學經費開支的田地，如中央直屬的國子監，以及各省府州縣設置的書院等，均撥給一定數量的學田，以其租佃所得，供辦學費用。據西元一七五三年統計，全國共計有學田一點一五萬多頃。

祭田就是作為祭祀古聖先賢廟、墓、祠堂之用的田地，凡京師壇、遺官地及天下社稷、山川、歷壇、文廟、祠墓、寺觀等祭田，均包括在內。

清代的莊田制，是在封建地主土地所有制基礎上出現的領主制，是土地私有制的另一種形式。它和明代一樣，也是最初作為國有土地賜予親王、貴族，後來隨著經濟發展，其性質產生變化，逐漸變成私有土地。

清代莊田的來源主要是透過「跑馬圈地」獲得，然後朝廷將之分配，子孫承襲制。圈地令是清初滿洲貴族入關採取的一項土地政策。從西元一六四四年順治帝頒布圈地指令開始。

當時的圈地主要有三種形式：一是將近京肥沃土地圈給清貴族，另外圈山海關以外地讓農民耕種，叫「圈補」。二是圈佔地離京太遠或鹼鹽不毛之地，來補還近京被圈農民，叫「換地」。三是凡明王室所遺留皇莊各州縣的無主荒田，一律劃歸滿洲貴族和八旗官兵所有，叫「圈佔」。

政府將這些圈佔的土地分給王公貴族，實行莊田制。其莊田分為皇室莊田、宗室莊田和八旗莊田。

皇室莊田是清代皇帝佔有的土地，簡稱皇莊，直屬內務府。皇莊大都集中在京都周圍、錦州、熱河等地。據《大清會典》記載，皇莊共達一千多處，土地面積達三點五七萬多頃。

皇莊按莊設置莊頭，配置「壯丁」，又有漢人的「投充戶」。管理並使役農民為其耕作，莊頭的職務是世襲的，對佃農有任免權。莊頭向佃農收取的地租，除按一定比較交內務府外，其餘為其私人所得。莊頭也是地主或二地主。

宗室莊田是清代皇帝賞賜給王公、貴族的土地。據《大清會典》記載，宗室莊田共有一千七百多所，土地面積共有十三萬餘頃。其管理方法大體像皇室莊田。

八旗莊田是分給旗籍兵丁，即滿洲八旗、蒙古八旗和漢軍八旗成員的莊田，作為八旗兵丁在職時的衣食之資。八旗莊田是不納稅的土地。據《大清會典》記載，八旗莊田的土地面積為十四萬多頃。

此外，尚有類似八旗莊田的駐防莊田，分佈在京都周圍和盛京，另外各省負責警備的旗人佔地面積也不少。

清代還有一項土地政策，這就是獎勵墾荒，將獎勵屯田開荒作為一項重要的國策。

西元一六四四年，順治帝定開墾荒地條例，規定凡州縣衛所荒地，分給流民及官兵屯種，有主者令原主開墾，三年起科。

西元一六八七年，又頒布了墾荒的勸懲條例，內容大致為：督、撫官員，一年內主持開墾兩千頃以上者，紀錄；六千頃以上者加升一級。道、府官員，墾至一千頃以上者，紀錄；兩千頃以上者加升一級。州、縣墾至一百頃以上者，紀錄；三百頃以上者加升一級。衛所官員，墾至五十頃以上者，紀錄，一百頃以上者加升一級。文武鄉紳，開墾五十頃以上者，現任者記錄；致仕者給匾旌獎。至於貢、監生以及一般富人仍開墾本主土地，如本主不能開墾，由地方管理招民開墾。

同時還規定：如果為了貪圖升官，謊報墾田數，要治罪；為了墾荒而墾荒，墾荒以後不耕種，復使田地荒廢者，也要治罪。

為了擴大影響，清政府還命令各級地方官府，舉行隆重的「勸墾荒田之典」，由地方官員親自主持，以表示官府對墾荒的重視。

獎勵墾荒作為清初一項既定的國策，也為日後幾朝皇帝所沿用。雍正皇帝在繼承這一政策的同時，又對開墾中存在的問題進行了一些改革。乾隆也很重視農業墾荒，積極鼓勵農民大力開闢山頭地角可以耕種的土地。

清代的墾荒政策，有軍屯與民屯兩種基本形式。

軍屯在邊疆，民屯在內地，其中以軍屯為主。清初各地駐軍均實行屯田。西元一六四五年首先在順天府實行「計兵受田法」，每個官兵給可耕田十畝，官給牛具、種子。繼則推行於直隸、山東、江北、山西等駐軍。西元一六六七年定江浙等省份駐投誠官兵屯田，人給荒田五十畝眷屬多的，量口增加畝數。

軍屯的進行是以嚴格的軍事管制。從組織和參加生產的勞動者來說，分為現役軍人與軍人家屬。若以屯田軍所承擔的封建徭役來分，可分為駐防軍與運糧軍，但對於沒有承擔運糧徭役軍的，則要按領種屯田計畝出銀津貼出運的運丁。

屯軍除了向國家交納食物及貨幣地租和承擔國家的軍事徭役，運糧徭役和皇帝批准的私人興建徭役之外，不再負擔田賦和承擔一般封建徭役。

民屯始於西元一六四九年，當時為了鼓勵農民墾荒，順治帝令各省兼募流民，編甲給照，墾荒為業。募民墾殖，一般由國家供給耕牛、農具和種子、口糧以及房舍住處。《清順治朝實錄》規定：凡墾荒者，墾田歸己所有，六年之內不徵賦差徭。

閱讀連結

康熙制訂了許多發展農業生產的政策。比如他禁止圈地，廢止貴族圈近京州縣田地的特權，將土地讓與百姓耕種，並延長墾荒的免稅時間。

清初規定墾荒三年內免稅，以後改為六年，再後又決定新墾荒田十年後徵稅。這一政策刺激了農民墾荒的積極性，使耕地面積迅速增加。

此外，對於農民耕種的原先屬於明朝宗室的土地，農民可以不必支付田價，照常耕種。此外，他還注重發展水利事業。

國家圖書館出版品預行編目（CIP）資料

三農史志：歷代農業與土地制度 / 邢建華 編著 . -- 第一版 .
-- 臺北市：崧燁文化，2020.04
面；　公分
POD 版

ISBN 978-986-516-112-5(平裝)

1. 農業史 2. 土地制度 3. 中國

430.92　　　　　　　　　　108018501

書　　名：三農史志：歷代農業與土地制度
作　　者：邢建華 編著
發 行 人：黃振庭
出 版 者：崧燁文化事業有限公司
發 行 者：崧燁文化事業有限公司
E-mail：sonbookservice@gmail.com
粉 絲 頁：　　網 址：
地　　址：台北市中正區重慶南路一段六十一號八樓 815 室
8F.-815, No.61, Sec. 1, Chongqing S. Rd., Zhongzheng
Dist., Taipei City 100, Taiwan (R.O.C.)
電　　話：(02)2370-3310 傳　真：(02) 2388-1990
總 經 銷：紅螞蟻圖書有限公司
地　　址: 台北市內湖區舊宗路二段 121 巷 19 號
電　　話:02-2795-3656 傳真 :02-2795-4100　　網址：
印　　刷：京峯彩色印刷有限公司（京峰數位）

定　　價：250 元
發行日期：2020 年 04 月第一版
◎ 本書以 POD 印製發行